本书出版由国家自然科学基金项目（51569024）"基于生态优先的宁夏中南部干旱区域水资源合理配置模式构建"资助

生态优先的宁夏中南部干旱区域水资源合理配置理论与模式研究

李金燕　张维江　著

黄河水利出版社

·郑州·

内 容 提 要

本书在可持续发展的水资源合理配置概念和内涵研究的基础上,进一步研究这种配置模式具备的条件、配置的方法和过程,进而根据研究区域特点提出基于生态优先的宁夏中南部干旱区域水资源合理配置理论框架。以宁夏中南部干旱区域(黄土丘陵沟壑区,主要为宁夏固原城乡饮水安全水源工程受水区域)为典型代表区域,在生态优先的宁夏中南部干旱区域水资源合理配置理论框架的指导下,结合作者在《宁夏中南部干旱区域生态环境需水量理论、方法与实践研究》(中国矿业大学出版社出版)一书中关于宁夏中南部干旱区域生态环境需水量研究成果,建立研究区域生态目标、经济目标、社会目标等多目标水资源合理配置模型,该模型涵盖了生态环境用水效益并体现了生态环境需水量优先配置的思想,实现了基于生态优先的水资源合理配置模式。

本书可供从事生态需水量、水资源配置的科研人员以及高等院校相关专业研究生学习参考。

图书在版编目(CIP)数据

生态优先的宁夏中南部干旱区域水资源合理配置理论与模式研究/李金燕,张维江著. —郑州:黄河水利出版社,2019.1

ISBN 978 - 7 - 5509 - 2229 - 7

Ⅰ.①生… Ⅱ.①李… ②张… Ⅲ.①干旱区 - 水资源管理 - 研究 - 宁夏 Ⅳ.①TV213.4

中国版本图书馆 CIP 数据核字(2018)第 295725 号

组稿编辑:王路平 电话:0371 - 66022212 E-mail:hhslwlp@126.com

出 版 社:黄河水利出版社 网址:www.yrcp.com

地址:河南省郑州市顺河路黄委会综合楼14层 邮政编码:450003

发行单位:黄河水利出版社

发行部电话:0371 - 66026940、66020550、66028024、66022620(传真)

E-mail:hhslcbs@126.com

承印单位:河南新华印刷集团有限公司

开本:787 mm×1 092 mm 1/16

印张:8.75

字数:200 千字

版次:2019 年 1 月第 1 版 印次:2019 年 1 月第 1 次印刷

定价:40.00 元

前　言

　　水是干旱区域最关键的生态环境因子,在干旱区域"有水则绿洲、无水则荒漠",水已经成为制约干旱地区环境与经济发展的主要因素。尤其是在我国西部干旱区域,以其深居内陆的地理位置、干旱的大陆性气候、山盆相间的地貌格局、荒漠性的土壤植被特征,在我国干旱区域研究中具有一定的典型性与代表性。在西部干旱区域,由于人类对水资源的超载开采和不合理利用而引发的生态环境问题极为严重,人类对水资源的开发利用呈现出不同程度的掠夺性发展趋势,生产、生活与生态环境需水量之间的矛盾日益加剧,造成生态环境用水紧张和局部生态系统严重失衡的局面。

　　在西部干旱区域内,有限的水资源在满足生活用水的同时,更要充分考虑生态环境需水量,以此为原则进行合理配置,才能进一步促进经济社会的发展,维护整个社会的和谐发展。同时,制订流域或区域水资源统一规划和配置方案应当以流域或区域水资源保证生态环境需水量的资源合理配置结果作为科学的参考依据,并对蓄水、供水、用水、节水、污水处理及回用进行统一调度。由此可见,水资源合理配置是以可持续发展战略为指导思想的,将区域内有限的水资源在各子区,以及包括生态环境在内的各用水部门间进行最优分配,从而获得社会、经济、生态环境协调发展的最佳综合效益。

　　如此一来,可持续发展的水资源配置就面临着许多亟待解决的问题:如何明确水资源与生态环境、社会经济发展之间的关系,真正体现水资源的生态环境效果;水资源配置中到底将生态环境置于何种位置,才能真正实现流域或区域社会、经济和生态环境综合效益协调最佳,这些都是水资源合理配置研究领域急需解决的一些关键问题。目前,国内已有一些研究明确提出了干旱半干旱生态脆弱区水资源配置过程中生态环境需水量应当予以优先考虑,才能保证社会、经济与生态环境的协调发展。但到底将生态环境需水量置于什么样的优先位置,却鲜有进一步的研究,致使生态优先的水资源合理配置缺乏必要的理论依据,在水资源配置过程中也没有落到实处。面对这样的现实状况,开展干旱区域生态优先的水资源合理配置方面的理论研究,进一步明确生态环境需水量在水资源配置过程中的位置,就显得十分重要(尤其是在西北干旱地区)。这不仅有助于提高人们的生态环境意识,而且可以为水资源配置管理决策部门提供宏观的科学依据,以确保整个社会、经济与生态环境的协调发展。

　　综上所述,本书在宁夏中南部干旱区域(黄土高原丘陵沟壑区)开展生态优先的水资源配置理论及实例应用研究,具有一定的典型性和代表性,一方面,使宁夏中南部干旱区域能够最大限度地受益于多水源联合配置的供水格局,为区域生态环境建设以及经济社会和生态环境之间的协调发展提供决策依据;另一方面,也拓展了生态环境需水量及水资源配置理论体系,同时为同类干旱地区生态环境需水量及水资源配置研究提供了借鉴。经过3年多的艰辛努力,课题组在完成研究项目的同时,完成了本书的撰写工作。

　　本书是课题组集体智慧的结晶,在课题研究和撰写过程中,宁夏大学张维江教授给予了悉心的指导和热情的鼓励,同时在张维江教授和李金燕教授的指导下,凭着对科学研究的执着与追求,以及对宁夏中南部干旱区域生态环境危机和水资源严重匮乏局面的忧虑和责任心,克服了重重困难,完成了项目研究以及本书的撰写工作。

本书撰写内容主要由以下几部分组成:

(1)基于生态优先的宁夏中南部干旱区域水资源合理配置理论研究。

在可持续发展的水资源合理配置概念和内涵研究的基础上,进一步研究这种配置模式具备的条件、配置的方法和过程,进而根据研究区域特点提出基于生态优先的宁夏中南部干旱区域水资源合理配置理论框架。在基于生态优先的宁夏中南部干旱区域水资源合理配置理论框架的指导下,建立生态目标、经济目标、社会目标等多目标水资源合理配置模型,涵盖生态环境用水效益并体现生态环境需水量优先配置的思想。

(2)干旱区域社会经济需水量研究。

对社会经济需水量预测的国内外研究进展进行了阐述,凝练了当前社会经济需水量预测研究领域中仍然存在的问题;进而阐述了社会经济需水量预测分类、原则及各行业需水量预测的多种方法,并对比、分析、总结了各类预测方法的特点和适用范围,以便读者针对区域特点及行业特点选用合适的预测方法。

(3)水资源合理配置实例应用研究(生态优先的水资源合理配置模式实现)。

以宁夏中南部干旱区域(黄土丘陵沟壑区,主要为宁夏中南部城乡饮水安全水源工程受水区域)为典型代表区域,在生态优先的宁夏中南部干旱区域水资源合理配置的理论框架的指导下,依据作者在《宁夏中南部干旱区域生态环境需水量理论、方法与实践研究》(中国矿业大学出版社出版)一书中关于宁夏中南部干旱区域生态环境需水量研究成果,建立研究区域生态目标、经济目标、社会目标等多目标水资源合理配置模型,涵盖了生态环境用水效益并体现了生态环境需水量优先配置的思想,实现了基于生态优先的水资源合理配置模式。

本书旨在引起不同层次、不同领域人士对水资源合理配置研究领域的关注,同时促进和提高该研究领域的发展水平。由于时间及对本领域前沿研究认识的水平有限,可能存在一些不足之处,敬请各界人士批评指正,同时期待相关研究领域的人们加入到我们的研究行列中,共同商榷这一问题。

作 者

2018 年 9 月

目　录

前　言

第 1 章　干旱区域生态环境系统与水资源关系辨析 ………………………… (1)

　1.1　干旱区域概念及其分布范围 ……………………………………… (1)

　1.2　干旱区域生态环境问题 …………………………………………… (4)

　1.3　干旱区域水资源与水环境问题 …………………………………… (8)

　1.4　干旱区域生态环境系统与水资源的关系 ………………………… (12)

　1.5　生态优先的水资源合理配置研究的重要性 ……………………… (13)

第 2 章　水资源合理配置国内外研究进展综述 ………………………………… (14)

　2.1　国外水资源合理配置研究进展 …………………………………… (14)

　2.2　国内水资源合理配置研究进展 …………………………………… (16)

　2.3　存在的问题 ………………………………………………………… (18)

　2.4　研究趋势 …………………………………………………………… (19)

第 3 章　基于生态优先的水资源合理配置基本理论研究 …………………… (21)

　3.1　区域水资源合理配置的发展模式研究 …………………………… (21)

　3.2　可持续发展的水资源合理配置基本概念与内涵 ………………… (22)

　3.3　可持续发展的水资源合理配置基本理论研究 …………………… (25)

　3.4　区域水资源合理配置的主要方法 ………………………………… (29)

　3.5　大系统、多目标优化的模型与概念 ……………………………… (31)

　3.6　基于生态优先的水资源合理配置理论研究 ……………………… (33)

　3.7　基于生态优先的水资源合理配置数学模型 ……………………… (37)

　3.8　小　结 ……………………………………………………………… (40)

第 4 章　干旱区域社会经济需水量预测研究 ………………………………… (41)

　4.1　干旱区域需水量预测的国内外研究进展 ………………………… (41)

　4.2　干旱区域社会经济需水量预测的分类 …………………………… (44)

　4.3　干旱区域生活需水量预测研究 …………………………………… (45)

　4.4　干旱区域农业需水量预测研究 …………………………………… (47)

　4.5　干旱区域工业需水量预测研究 …………………………………… (52)

　4.6　需水预测实例——以宁夏中南部城乡饮水安全水源工程受水区域为例

　　　………………………………………………………………………… (55)

　4.7　小　结 ……………………………………………………………… (65)

第 5 章　宁夏中南部城乡饮水安全水源工程受水区域概况及水资源开发利用分析

　　　………………………………………………………………………… (66)

　5.1　受水区域概况 ……………………………………………………… (66)

5.2　受水区域河流水系　···　(68)

5.3　受水区域水文要素及其特点　···································　(68)

5.4　受水区域水资源量　···　(73)

5.5　受水区域现状水资源开发利用分析　···························　(75)

5.6　受水区域规划水平年可供水量预测　···························　(77)

5.7　小　结　···　(80)

第6章　基于生态优先的宁夏中南部城乡饮水安全水源工程受水区域水资源合理

　　　　配置研究　···　(81)

6.1　基于生态优先的受水区域水资源合理配置模式的实现　·······　(81)

6.2　生态优先的水资源合理配置模型参数确定　···················　(86)

6.3　水资源合理配置模型求解　·····································　(90)

6.4　水资源配置效果评价　··　(120)

6.5　小　结　···　(125)

结　语　···　(128)

参考文献　···　(130)

第 1 章　干旱区域生态环境系统与水资源关系辨析

1.1　干旱区域概念及其分布范围

1.1.1　干旱区域以及半干旱区域概念

干旱区域以及半干旱区域是一个复杂并且综合的概念,世界各国及地区有着不同的划分标准和原则。我国学者李佩成院士在《试论干旱》一文中提出狭义的干旱,指的是一种自然的气候现象,其标志主要是某地域的天然降水量比常规的显著偏少。所谓常规降水量,是指某地域在大多数年份的降水季节中以多种降水方式出现的降水量。如果某个地区在某个时节的降水量,显著少于常规降水量,从而使该地区按照常规年景安排的经济活动——尤其是农业生产受到缺水的威胁,则称为发生干旱。

其实,一个地区从自然环境来看,是否真正干旱,不仅取决于降水和蒸发等气象条件,而且还与水文条件——河流及其他水资源的分布情况有关。有些地方气象条件干旱,而水文条件未必干旱,例如,沙漠中的绿洲就是如此。因此,广义的干旱既包含气象干旱,也包含水文干旱。

广义的干旱区域不仅降水稀少、蒸发强烈,而且河流及其他水资源贫乏,从而按照当时的科技水平、生产能力与经济条件,不能得到廉价、足量、优质的淡水,使农业、工业的供水与用水严重不足,限制了该地区的发展,特别是农业的发展。

如果某个地区同地球上的其他地区相比,不仅常规的天然降水量显著偏少,而且蒸发能力大大超过降水量,这个地区在一般情况下,依靠天然降水只能生长旱生生物——植物和动物;甚至旱生生物也难于生长,这样的地区称为干旱地区。

1.1.2　干旱区域分类方法

以天然降水量为主要划分依据:把年降水量小于 50 mm 的地区叫"异常干旱区域";把年降水量为 50 ~ 150 mm 的地区叫"干旱区域";而把年降水量为 150 ~ 250 mm 的地区叫"半干旱区域"。按此标准,地球上全部干旱区域的总面积为 57 亿 hm^2,占陆地面积的 43%,主要分布在非洲、大洋洲和亚洲。也有人把年降水量小于 250 mm 的地区划为"干旱区域",而把年降水量为 250 ~ 450 mm 的地区划为"半干旱区域",还有人把半干旱区域的降水上限划得更高。澳大利亚将全国划分为北部内陆干旱区域(年降水量小于 250 mm)、西部半干旱区域(年降水量为 250 ~ 500 mm)、南部沿海半湿润区域(年降水量为 500 ~ 800 mm)。美国的划分标准为:年降水量不足 254 mm 的地区为干旱区域,年降水量为 254 ~ 762 mm 的地区为半干旱区域,年降水量不足 762 mm,但降水量的季节分布与作物生长需水量配合较好的地区为半湿润带。我国则是把年降水量 500 mm 定为半干旱区域的上界,以 800 mm 为半湿润区域的上界。

降水量是各地区水资源最主要的来源,但是一个地区的干旱情况不仅取决于水资源的补给,还要考虑水资源的支出,因此,用降水量这一单一的指标来划分干旱区域,并不能真正地反映气候条件与干旱程度。干旱意味着水分亏缺,而不是水的补给少,所以气象部门现在常用干燥度(K)来划分干旱区域、湿润区域。所谓干燥度,是指长有植被地段的、最大可能蒸发量(E)与降水量(R)之比,即 $K = E/R$。《中国气候图集》用干燥度划分干旱、湿润区域的标准为:年干燥度小于 1.00 为湿润区域;1.00 ~ 1.49 为半湿润区域;1.50 ~ 3.49 为半干旱区域;大于 3.5 为干旱区域。《中国自然地理》用干旱指数(即年水面蒸发量与降水量之比)划分干旱、湿润区域的标准为:干旱指数小于 1.0 为湿润区域;1.0 ~ 1.6 为半湿润区域;1.6 ~ 3.5 为半干旱区域;3.5 ~ 16.0 为干旱区域;大于 16.0 为极干旱区域。由此可见,用干燥度和干旱指数划分干旱区域的标准基本一致,所以,干燥度能较好地反映各地气候条件和干旱程度,具有较好的比较性。

根据以上划分标准,干燥度(或干旱指数)大于 1.0 时,即该区域降水量小于蒸发量,降水量不能满足蒸发所需的水量,因此该区域是干燥的,基本上为落叶阔叶林、针叶林、草原及荒漠地区,农业主要以旱作为主,灌溉对于农业来说非常重要,通常没有灌溉,就没有农业。干燥度小于 1.0 时,该区降水量大于蒸发量,降水量除了能够满足蒸发,还有富余,因此该区可以划分为湿润区域,通常为常绿阔叶林区域,农业以水田为主,旱作农业一般不需要灌溉。干旱区域与湿润区域划分标准对比情况见表 1-1。

表 1-1　干旱区域与湿润区域划分标准对比

区域	干燥度	自然景观	农业生产
湿润区域	<1.0	森林	水田农作区域
半湿润区域	1.0 ~ 1.5	森林	旱田农作区域
半干旱区域	1.5 ~ 4.0	草原和高寒草原	旱田为主,农牧交错
干旱区域	>4.0	荒漠	畜牧业、绿洲农业为主

1.1.3　干旱区域分布范围

在地球上,干旱半干旱区域约占地球表面的 1/3 以上(见表 1-2),据联合国环境规划署(United States Enviroment Programme,简称为 UNEP)统计,按气候条件划分,世界上有干旱半干旱土地面积 4 880 万 km²,另有 910 万 hm² 的"人类时代"沙漠,是由人类不合理开发资源造成的。

我国干旱区域大致在贺兰山以西的西北地区,介于 73° ~ 125°E,35° ~ 50°N,南界大致沿大兴安岭西麓,经小腾格里沙漠的南界,沿集宁以东南部丘陵地的北坡,向西穿过黄土高原的北缘,经乌鞘岭,绕青海湖东岸,然后沿昆仑山北麓直至我国最西部的帕米尔高原,西部和北部以国境为界(见图 1-1)。此区域包括新疆全境、甘肃河西走廊、青海柴达木盆地及内蒙古西部等地,土地面积约占全国土地面积的 1/4,占全西北土地面积的

73%。按干旱指数及水平衡要素综合分带方法,我国干旱指数 >3 的干旱、半干旱区域占国土面积的 47.5%,降水量小于 250 mm 的干旱区域占国土面积的 26% 左右。

表 1-2　世界陆地干旱区域的面积　　　　　　　　　（单位:百万 km²）

大陆	极干旱区域	干旱区域	半干旱区域	总计	占国土陆地面积百分比(%)
澳洲	0	3.9	2.5	6.4	8.3
非洲	4.5	7.3	6.0	17.8	59
亚洲	1.0	7.9	7.5	16.4	38
北美和中美	0.03	1.3	2.6	3.93	10
南美洲	0.20	1.2	1.6	3.0	8
欧洲	0	0.2	0.8	1.0	1
总计	5.73	21.8	21.0	48.53	36.3

其中,我国西北干旱内陆区域如图 1-1 所示,西北干旱区域干旱指数分布面积如表 1-3 所示。

图 1-1　我国西北干旱内陆区域

表 1-3　西北干旱区域干旱指数分布面积

干旱指数	面积(万 km²)	占西北地区面积(%)	累计面积(万 km²)	累计百分比(%)
1～2	25.12	7.3	25.12	7.3
2～3	62.29	18.1	87.41	25.4
3～10	98.42	28.6	185.83	54.0
10～50	104.97	30.5	290.80	84.5
50 以上	53.36	15.5	344.16	100

1.2 干旱区域生态环境问题

1.2.1 干旱区域生态环境问题的产生与演变

干旱区域由于其独特的气候条件,生态环境十分脆弱,如果对资源开发利用不合理,很容易造成对生态环境的破坏,主要表现在以下几个方面:土地荒漠化、河流断流、湖泊消失、植被减少以及沙尘暴的发生。

在自然地理学中,凡是气候干旱、降水稀少、蒸发巨大、植被稀疏贫乏的地区都称为荒漠,意为荒凉之地。根据地面组成物质的不同,荒漠可分为岩漠(石漠)、砾漠、沙漠(沙质荒漠)、泥漠和盐漠,以及在高纬或高山地带由于低温引起的生理性干旱而致植物贫乏的寒漠、荒漠和荒漠化现象是干旱区域脆弱生态环境条件下的产物。由于干旱区域气候干燥、降水稀少、日照强烈、日夜温差大、风力大且持久,造成地表水体极易蒸发,植被不易存活,从而形成"不毛之地"。另外一个重要的原因就是人为作用,使生态环境受到破坏,原来的耕地或者草场逐渐演化为荒漠。天然作用形成的荒漠一般需要一段较长的历史时期,例如,气候干旱化,往往需要几百年或者上千年的时间,但是人为作用形成的荒漠在短短几十年时间内,就可以造成严重后果。这些人为作用包括森林、植被的人为破坏,不合理的大规模垦殖、拓荒以及草场的过度放牧等。在干旱区域,最典型的荒漠就是沙漠,如表1-4所示,沙漠化土地主要分布于流域中下游地区,尤其是流域人工绿洲相对集中而高效的中游地区,土地沙漠化十分严重,占土地面积的40%以上。内陆河流域中下游地区沙漠化的发展过程与水土资源利用的发展过程和封沙的人为治理之间具有密切的相关性。

表1-4 干旱区域主要地区土地沙漠化状况

地区	沙漠化面积(万 km²)	占土地面积(%)	占绿洲面积(%)	严重沙漠化比率(%)	潜在沙漠化面积(万 km²)	占土地面积(%)
新疆地区	304.71	1.82	43.14	24.99	154.96	0.92
河西走廊	252.22	9.15	19.60	31.82	168.94	6.13
阿拉善高原	118.00	6.10	—	61.28	60.22	3.10

其中造成干旱区域生态环境脆弱最重要的一个因素就是水资源开发利用的不合理,造成河流流量减少甚至断流。例如,我国西北地区石羊河流域的生态环境演变,石羊河年均径流量12亿~15亿 m³,主要流经武威和民勤两个盆地。自中华人民共和国成立以来,在石羊河上游修建大量的水利工程,山区径流量基本上被全部拦截,导致山前平原地下水补给量逐渐减少,泉水量随之减少,灌区系统被迫改为井灌。由于大量开采地下水造成地下水位急剧下降,随着武威耗水量的不断增加,下游民勤的来水量由20世纪50年代的5.47亿 m³/a下降至20世纪90年代的1.5亿 m³/a,在塔里木河下游和黑河下游也出现了同样的问题(见图1-2),由此导致下游的河流流量减少甚至断流、湖泊干涸、地下水位持续下降、水质恶化、土壤盐碱化面积扩大、植被死亡、草场退化,绿洲面积减少,沙漠面积

不断扩大,生态环境不断恶化。

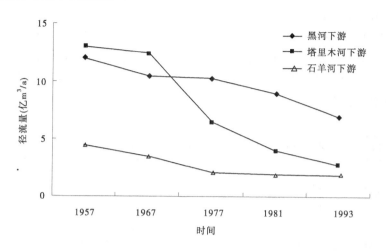

图 1-2　干旱区域典型流域下游径流量多年变化

由于人类不断在河流的上中游修建水利工程引水、蓄水,造成下游流量急剧减少,严重威胁到生态环境。例如,塔里木盆地的孔雀河,原流入罗布泊,1943 年湖面积为 1 900 km²,1962 年缩小为 530 km²,现在已经干涸,不复存在,成为一片荒漠。天山北麓的玛纳斯河尾间玛纳斯湖于 1968 年面积尚存 550 km²,现在已经全部枯竭,成为盐田。艾比湖面积也由 1958 年的 1 070 km² 缩小至 570 km²。大量引水、蓄水使得湖泊面貌发生了很大变化,干旱区域为了蓄水修建了大量的水库,可以看作是人为地将湖泊从河流的尾部移到了河流的上、中游,但是依然无法改变生态环境恶化的现状。例如,新疆近年来新建 400 多座水库,水域面积近 2 000 km²,但是湖泊面积却由 9 700 km² 减为 4 748 km²,减少了 5 000 km² 左右,并且人为形成水面并不能代替自然湖泊的生态功能,大量湖泊面积减少或干涸造成了湖泊周边地区大面积的荒漠化。

植被是自然生态系统的生产者,是维系生态平衡的关键组成部分,在生态环境中起着重要的调节作用,在干旱区域显得尤为突出。由于水资源急剧减少引起草地干旱以及草地开垦与超载过牧等,内陆流域草地面积大幅度减少(见表 1-5)。

表 1-5　干旱区域草地面积变化

地区	新疆伊犁 (1960～1990 年)	塔里木河流域中游 (1983～1990 年)	黑河流域下游 (1960～1990 年)	石羊河流域下游 (1960～1990 年)
草场减少面积 (万 m²)	305.26	2.47	35.09	4.93
年均减少(%)	3.23	3.24	3.22	3.25

沙尘暴天气多发生于内陆沙漠地区,比如非洲的撒哈拉沙漠、北美中西部地区等,我国西部干旱区域也是世界上主要的沙尘暴频发区之一,尽管沙尘暴产生的机制尚不十分清楚,但西北干旱区域人口增加和水土资源的大规模开发利用引起的植被衰退与土地沙漠化等生态环境问题,加剧沙尘暴发生与发展是可以肯定的。1950～1993 年,此地区发

生沙尘暴 76 次,年均 1.73 次,而自 20 世纪 90 年代以来,仅特强沙尘暴年均发生率就超过 2 次,更甚者,2000 年 1~4 月,沙尘暴就发生了近 10 次。

通过以上对干旱区域的特征分析,可以看出:人为因素对干旱区域内不同地区的水资源造成了一系列影响,水资源的变化进而影响到生态环境中的各个因素,从而使生态环境随之发生变化,人为因素对生态环境的影响关系见图 1-3。这几个因素之间关系复杂,互相影响、互相制约。

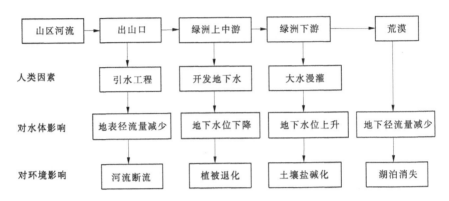

图 1-3　干旱区域人为因素对水体、生态环境的影响关系

1.2.2　干旱区域存在的主要生态环境问题

1.2.2.1　**土地面积辽阔,可利用土地面积少**

干旱区域土地面积 250.3 万 km²,约占国土面积约 1/4。按我国《第二次全国荒漠化、沙化监测结果》公布的数据:1999 年全国荒漠化土地总面积为 267.4 万 km²,其中在西北地区范围的约为 218.3 万 km²,而西北荒漠化土地面积主要集中在干旱区域。几组简单的数据已经清晰的表明:干旱区域土地面积虽然辽阔,但其可利用的土地少,可作农业利用的土地更少。

1.2.2.2　**河流断流、湖泊萎缩,地表水质恶化**

干旱区域河流由于受人类活动的影响,特别是受土地开发影响,导致河流中下游段流程缩短,多数已不能到达归宿地,甚至出现河流断流的情况。河道萎缩与干涸直接导致尾间湖泊的萎缩或干涸,原有河谷林与河道两岸自然植被随之衰败。如塔里木盆地的罗布泊,原有水面积 660.0 km²(1962 年数据),于 1972 年干涸;台特玛湖原有水面积 88.0 km²,1972 年干涸。准噶尔盆地的玛纳斯湖原有水面积 550.0 km²,20 世纪 60 年代初期干涸;艾比湖原有水面积 1 200.0 km²(20 世纪 50 年代),现在为 500.0~530.0 km²;石羊河的尾间由历史上浩瀚的潴野泽,逐步演变为 120.0 km²水面的青土湖,于 1952 年干涸。水作为盐分的载体是维持绿洲水盐平衡、水热平衡的重要资源,但河流断流、湖泊萎缩使得盐分在绿洲区积聚,土壤盐度增加的同时,由于工农业的发展,特别是农业耕地面积的扩大,大量农田排水进入河流,使河水及湖泊的矿化度增加,水质盐化,破坏了绿洲的外围植被,造成土壤侵蚀加剧;部分流经城市和矿区的河流,由于工业和城市污水的排入,水质遭受污染。

1.2.2.3　地下水位变化,溢出带泉水衰竭

土地在开发利用过程中改变了地表水的地域分配,为满足日益增加的需水量要求,一些地区在地表水开发利用的同时,不断加大地下水的开采利用量。在绿洲灌溉区,由于地表水引水量增加,其给地下水的补给量也相应地增大,具体表现为地下水位上升。而在一些依靠地下水供水的城市和机井灌溉区,由于地表水补给量不足,地下水位急剧下降。如在新疆北坡经济带(含玛纳斯河流域)、黑河和石羊河流域,由于地下水的过量开采,形成了局部地区地下水漏斗,甚至区域性的地下水位下降。石羊河武威盆地属中等超采区,地下水位下降了 1.0 ~ 4.0 m,年平均降速 0.3 m;民勤盆地属严重超采区,多年平均降速0.3 m,民勤县地下水埋深 20 世纪 50 年代为 1.0 m 左右,80 年代达 15.0 ~ 20.0 m。黑河流域中下游发生了区域地下水位下降,下游自 20 世纪 60 年代西河区水量的锐减、西居延海的干涸,导致地下水位下降剧烈,一般下降 3.0 ~ 10.0 m,局部下降 16.0 m;东居延海在1984 ~ 1989 年彻底干涸,正向荒漠化演变。按照现状推算,黑河尾闾区地下水位正以每年 10.0 ~ 20.0 cm 的速率下降。玛纳斯河流域的石河子市自 1964 ~ 1993 年地下水位已下降 12.0 ~ 17.0 m,平均每年下降 0.4 ~ 0.6 m,玛纳斯县城西平均年下降 0.2 m;安集海1 号水源地,年均下降 0.5 ~ 1.3 m。已形成玛纳斯县新户坪水库以北中心下降值为 14.4m 的下降漏斗区和玛纳斯平原林场中心下降值 11.6 m 的下降漏斗区等。天山北坡经济带的其他地区,地下水位下降的情况也十分明显,以奇台县最为严重。

干旱区域平原绿洲山前溢出带的泉水,历史上是人们利用的主要水源。由于地下水补给量的不断减少、地下水位的下降,泉水不断衰减。如玛纳斯河流域的蘑菇湖、大泉沟、夹河子 3 大泉水水库年径流量,自 20 世纪 50 年代初的 5.7 亿 m³ 至 80 年代初减少到 2.4亿 m³。黑河中游地下水补给量的 74.0% 呈泉水溢出,占正义峡径流量的 65.8%。1960 ~1980 年 20 年内,流域泉水量共减少 2.9 亿 m³,而 1981 ~ 1985 年的 5 年中,泉水量减少了3.1 亿 m³。石羊河流域武威的泉水量从 1956 年的 8.6 亿 m³ 减少为 1980 年的 2.1 亿 m³,减少了 75.6%。

1.2.2.4　土壤侵蚀增加,肥力下降

干旱区域粗放型的农业灌溉方式使得地下水的补给量发生变化,地下水位抬升,土壤中沉积的盐分随地下水位的抬升被带入土壤表层,致使次生盐渍化和沼泽化有所发展,部分土壤肥力下降,土壤侵蚀增加,风蚀和荒漠化增强。造成这种现象的主要原因:一是水资源利用不当,由于不合理的水资源开发利用,引起地下水位上升,这是造成土壤次生盐渍化的根本原因。二是土地利用不合理,使绿洲生态系统良性循环遭到破坏,加速了盐渍化的发展。三是只种不养,施肥不足,特别是有机肥施用量不够,养地作物比例很小,不能合理轮作倒茬,再加上风蚀、水蚀使土壤肥力下降。

1.2.2.5　土地沙漠化加重

干旱区域土地沙漠化加剧既有人为因素又有自然因素。人为因素是由于土地利用过程中乱垦滥伐、无计划的开垦,荒漠草场以及弃耕的土地失去水分和植被保护,导致风蚀流沙形成。自然因素是由于气候干旱少雨,加上大气环流的影响致使流沙移动形成的沙漠化。如新疆古尔班通古特沙漠南缘出现了宽度为几百米到数千米的沙丘活化带。地表结构的破坏,造成许多地区产生浮尘,沙尘暴天气增多。如新疆塔里木盆地西北部,1980

年前每年浮尘天气平均为 39.5 d,1981~1993 年,平均为 75.9 d,增加了将近 1 倍。就连自然条件相对较好的北疆地区也出现了不同程度的浮尘天气增加的现象,如精河县 1981~1999 年,浮尘天气总日数年平均高达 50.2 d,比 20 世纪 70 年代增加了 5.6 倍,比 60 年代增加 8.7 倍。

1.3　干旱区域水资源与水环境问题

1.3.1　干旱区域水资源短缺的定义及问题

1.3.1.1　水资源短缺的定义

水资源短缺的表现可以分为资源性、工程性、设施性、管理性和污染性 5 种形式。其中资源性缺水是指当地水资源总量少,水资源不能适应当地经济发展和生态环境保护的需要。工程性缺水是指从地区总量看水资源并不短缺,但因工程建设滞后,造成供水不足。设施性缺水是指因已建水源工程不配套、设施功能得不到充分发挥而造成的缺水。管理性缺水是指由于用水管理粗放,水利用效率低,无效流失严重,是水资源大量浪费而引起的水资源短缺。污染性缺水是指由于工农业废污水排放和农药、化肥施用量的不断增加,致使水资源遭受污染浪费而加重了水资源短缺。我们可以将资源性缺水称为绝对缺水,而将工程性缺水、设施性缺水、管理性缺水和污染性称作相对缺水。缺水的分析框架,应该包含两个层面:一个层面是指在水资源不被浪费的前提下水资源不能满足生态、经济系统发展需要(长期和短期),即绝对缺水;另一个层面是指,总量看不短缺,但因技术管理水平不足而不能满足生态、经济系统发展需要(短期),即相对缺水。这两个层面所出现的资源需求量与资源供给量之间的缺口,才是缺水。任意践踏水资源而导致的水资源不足,不应该叫作水资源短缺。只有出现绝对缺水或相对缺水,才应该叫缺水,造成水危机。

基于此,我们提出了可供分析的水资源短缺定义:水资源短缺,可以定义为因为水资源因素(而非其他因素)导致的生态、经济系统发展速度下降状况下的水资源供给量与生态经济系统发展速度不致下降(排除水资源因素,或者说水资源不短缺)时的水资源需求量之间的正缺口,其包含了绝对缺水和相对缺水两种形式,也可定义为存量短缺和流量短缺。

1.3.1.2　水资源短缺的问题

随着社会经济发展和人口激增,目前水资源是基础性自然资源,是生态环境的控制性因素之一,是战略性的经济资源,是一个国家综合国力的有机组成部分。随着经济的不断发展,人类对水的需求量不断增加,尤其是第二次世界大战以后,世界经济发展突飞猛进,用水量也随之急剧增加。目前,缺水与人口、环境、能源问题一样,已成为很多国家和地区面临的四大危机之一。水资源已经演变为现代社会的“瓶颈”资源,严重地制约着一个地区、国家乃至全球的发展,国民经济的增长趋势,直接依赖于水资源开发利用决策的优化,研究和采取有效措施解决日益短缺的水资源问题是水利可持续发展以及国民经济可持续发展的重大方略。

我国水资源形势比较严峻,年均缺水总量达 400 亿 m^3,平均每年农田受旱面积约 3

亿亩❶,农村 2 000 多万人饮水困难;全国 600 多座城市中有 400 多座城市存在不同程度的缺水,其中 136 座城市缺水严重,每年因缺水影响工业产值达 2 000 多亿元,自 1999 年以来,北方地区持续干旱,华北、西北等地区缺水程度更加严重,生态环境日益恶化。水资源的短缺,成为影响可持续发展的重要因素之一。

1.3.2 干旱区域水资源状况

众所周知,水是生命的基础,它以不同的相态和不同的形式存在于自然界之中,并参与地球各个圈层的物理、生物,甚至化学过程,它是地球各圈层物质交换和能量传递的重要载体之一。由于水分不仅是生命体的重要组成部分,而且是人类和自然环境必不可缺少的物质条件,因此水资源对人类来说是首要的自然资源。

我国西北干旱区域坐落于欧亚大陆腹地并与中亚相连,是全世界最大的一块内陆干旱区域,该地区分布有众多的大型山脉,气候条件特殊。这里还是我国主要的外流河和内陆河发源地,水文循环过程十分特殊。据统计,我国西北干旱区域水资源有三大特点:

(1)西北干旱区域深居内陆腹地,受众多的高大山系所阻隔,太平洋、印度洋、北冰洋、孟加拉湾等湿润的水汽很难到达这里,该地区便形成了干旱少雨的内陆性气候。从水文循环等方面来看,西北干旱区域的水循环以垂向性运动为主,年降水量远远小于年蒸发量。这种状况决定了西北干旱区域的水资源是属于天然存在的资源性缺水。

(2)从水资源的形成、输移和消耗过程等方面来看,该地区的水资源可分为产流区、消耗区和消失区三个部分。一般来说,径流通常产于山区,然后逐渐消耗于绿洲及绿洲与荒漠的交错带,最后消失在茫茫的荒漠中。

(3)从径流的时间和分布等方面来看,汛期的径流量占全年径流总量的 60% 以上,由于该地区大部分的径流是来源于冰川融雪和山区的降雨,所以在气温较高的 6~9 月便成为汛期,可以形成较大的汛期流量,局部的地区甚至还会引发洪水;而在非汛期,连河道内基本的平均水量都无法保证,甚至有一些河流还出现了断流,成了时令性河流。

由于水分的重要性以及干旱区域水资源的匮乏,干旱区域的水资源是干旱区域生态环境中最为重要的制约因素和限制性因子已经毋庸置疑。在我国西北干旱区域,水资源的短缺是一个普遍问题,加之该地区人口的快速增长、经济的迅猛发展和气候环境的剧烈变化等因素的影响,该地区的水资源已经出现了严重的隐患,严重影响了社会的进步、经济的发展。特别要指出的是,由于水资源的短缺,加之干旱区域人口增长和经济规模的膨胀,导致生活、生产用水只能不断挤占原本就很缺乏的生态环境用水。部分地区水资源的开发利用甚至严重超过了本地区所能承载的最大极限,导致生态系统不断恶化,甚至难以恢复。黑河下游作为典型的内陆干旱区域,由于自然、人为因素(十分典型)的影响,水资源短缺尤为严重,该地区生态环境严重恶化,如河水大范围、长时间的断流,地下水位的降低,植被的退化和死亡,土地沙漠化等。

---

❶ 1 亩 = 1/15 hm²,全书同。

1.3.3　干旱区域水资源开发利用中存在的问题

干旱区域社会与经济的可持续发展和生态环境的保护与改善,其核心是水资源可持续利用。由于过去在水土资源利用方面存在许多不合理的开发利用方式,水资源的日益短缺、生态环境的逐渐恶化已经成为制约干旱区域社会与经济发展的主要因素。因此,研究干旱区域水资源的承载力、确定水资源的科学合理配置、防止干旱区域土壤盐碱化和荒漠化、缓解局部地区的地下水位持续下降及其提高水资源利用效率等,成为保障经济持续发展、生态环境良性循环的重要基础。

水资源是干旱区域影响社会经济发展和生态环境中最积极、最活跃的因素,干旱区域社会经济的发展主要受到水资源分布及其丰富程度的影响,许多生态环境问题也都与水资源和水盐平衡关系有关。例如,玛纳斯河流域内石河子大量开采地下水导致的地下水位持续下降以及下游灌区地下水位上升所引起的土壤次生盐碱化,塔里木河下游植被衰退和土壤沙漠化,石羊河下游民勤绿洲地下水位下降所导致的土地弃耕,黑河下游额济纳旗天然绿洲的退化和居延海干涸等。由于干旱区域独特的自然地理环境以及水资源系统所独有的特征,加之对水资源长期的不合理开发利用,导致产生了制约社会经济发展和破坏生态平衡的一系列问题,主要有以下几个方面。

1.3.3.1　局部地区大量开采地下水,引起地下水位持续下降,植被退化

干旱区域地表水由于在时间和空间上的不均匀性,流域的局部地区在旱季的时候地表水严重不足,导致人们大量开采地下水来弥补地表水的缺乏,使得流域地下水位在局部地区产生明显的下降,例如,黑河流域下游地区地下水位下降 1.2 ~ 5 m,乌鲁木齐河流域河谷地带、北部山前倾斜平原和细土平原区地下水位年均下降 0.44 ~ 1.2 m。

地下水位的持续下降导致依赖地下水的荒漠植被大量死亡、退化。从 20 世纪 50 年代起,我国干旱区域内陆河流域由于地下水位持续下降,普遍出现天然胡杨林及灌木林的严重退化现象。例如,黑河下游的额济纳旗境内两河地区分布于河岸的胡杨沙枣面积相对于 20 世纪 50 年代减少了 56%,红柳林面积减小了 67.3%,大量的草甸、芦苇沼泽滩正在慢慢消失,地表植被呈现出逐渐退化的趋势(见表 1-6)。

表 1-6　西北干旱区域部分绿洲植被的面积变化

地点	植被种类	20 世纪 50 年代 (万亩)	20 世纪 80 年代末 (万亩)	变化率 (%)
民勤盆地	红柳	200	109	-45.5
	红柳、白茨	4.5	1.09	-75.8
	沙枣(人工林)	53	39.8	-24.9
	耕地	105	60	-42.9
玉门	红柳、白茨	70	25	-64.3
敦煌安西	红柳、白茨	70	40	-42.9
	胡杨	75	33	-56.0
额济纳旗	红柳	315	103	-67.3
	梭梭	375	378	0.8

1.3.3.2　部分灌区只灌不排,导致土壤次生盐碱化及水质恶化

在灌区内由于灌溉水量过大或者忽视排水,致使地下水位逐渐升高,加剧了蒸发作用,使盐分不断在土壤带积聚,最终导致土壤次生盐碱化。

由干旱区域地表水与地下水之间的相互转化关系可知,地表水与地下水在发生频繁转化的同时,都强烈地消耗于蒸发。内陆河流出山口后,部分水量在山前平原地区作为灌溉水回归进入地下水,在冲洪积平原前缘又溢出形成泉水,泉水在细土平原区又被引入灌溉系统,并再次回归进入含水层。地下水的频繁重复使用使之经历了强烈的水岩相互作用,特别是在土壤层中的盐分溶滤作用以及水在渠系、河道和土壤中的蒸发作用,致使地下水在循环的过程中不断碱化,矿化度逐渐升高。例如,在民勤盆地上游,地下水为淡水,但在平原下游地区,地下水的矿化度达到了几 g/L 至几十 g/L。

1.3.3.3　忽视生态环境需水量,生态环境遭到破坏

干旱区域气候干燥、水资源相对贫乏,随着人口的迅速增长、耕地面积的不断扩大,以及工业的快速发展,需水量成倍增加,各流域的中上游耗水量增多、下游地区和湖泊供水减少,甚至断流,生态环境进而遭到破坏。

干旱区域的湖泊曾为促进当地的社会经济发展、改善生态环境发挥过重要作用,近百年来,由于注入这些湖泊的水流减少或者中断,造成湖泊水位下降,面积缩小,湖水含盐量逐渐上升,甚至一些湖泊干涸,变成了盐碱地,生态环境遭到破坏(见表 1-7)。

表 1-7　干旱区域主要湖泊面积变化

湖泊名称	所在国家(地区)	海拔(m)	面积(km²)		矿化度(g/L)	
			20 世纪 60 年代以前	20 世纪 80 年代以后	20 世纪 60 年代以前	20 世纪 80 年代以后
罗布泊	中国新疆	778	3 006	干涸	辟为盐场	
青海湖	中国新疆	3 205	4 980	4 304	13.1	15.2
艾比湖	中国新疆	189	1 070	553		116
玛纳斯湖	中国新疆	260	550	干涸	辟为盐场	
博斯腾湖	中国新疆	1 048	1 019	988	0.38	18.3
乌伦古湖	中国新疆	484	827	765	2.72	3.35
咸海	中亚	53.2	66 085	40 384	7～9	22～27
巴尔喀什湖	中亚	342	18 210	14 440	1～3	1.8～5.5
伊塞克湖	中亚	1 608	6 236	6 140		5.84

以上干旱区域水资源利用中的问题有自然方面的因素,例如干旱区域水资源量相对较少、时空分布不均以及环境容量有限等。同时,人为因素对造成这些问题也起着重要的影响作用,如干旱区域人口增长过快、经济发展迅速、耕地面积增加、水利工程建设滞后等。因此,准确掌握干旱区域水资源特征、认真分析干旱区域生态需水量以及科学总结干旱区域水资源合理开发模式是保证干旱区域水资源可持续利用、经济社会与生态环境和谐发展的重要基础。

1.3.4　干旱区域水环境问题

水环境是由传输、储存和提供水资源的水体,生物生存、繁衍的栖息地,以及纳入的水、固体、大气污染物等组成进行能量、物质交换的系统。它是水体影响人类生存和发展的因素,以及人类经济社会活动影响水体的因素的总和,具有易破坏、易污染的特点。

《中国大百科全书》(环境科学卷)中并无水环境条目。传统的水环境研究,通常比较单一地指向水体的质量状态,即水污染问题,这是狭义水环境的研究。至今,对于流域和水系的水环境问题研究,也经常指水污染问题。尽管水污染是水环境中的一个重要因子,但并不能反映水环境的完整属性。随着经济社会的发展,水资源短缺、水体污染、水土流失、河道淤积与断流、湿地萎缩、生物多样性和生态系统稳定性降低等各种与水相关联的环境问题的相继出现,需要对水环境内涵的认识进行拓展。

按照系统科学的观点,宇宙万物虽千差万别,但均以系统的形式存在和演变。从系统的观点来考察水环境问题,可知水环境不是孤立的水体污染、水土流失、河道淤积等问题,而是自然、经济、社会诸多过程的统一体现;水环境的变化是生态环境、社会经济和工程技术一体运作的结果。因此,不可能脱离社会、经济和环境因素孤立地去研究水环境系统。《水文基本术语和行业标准》(GB/T 50095—2014)界定水环境是指:围绕人群空间及可直接或间接影响人类生活和发展的水体其正常功能的各种自然因素和有关的社会因素的总体。国外对水环境概念的定义,也是逐渐从狭义的水体污染拓展到基于生态环境观的"生态系统中的水"的概念。比如在日本,定义"河川环境"为包括水量、水质、生态、人类活动的自然场所、景观、水文化等多方面的自然、社会、经济要素的复杂系统。

综合考虑人类学的环境观和生态学的环境观,即以人为主体,同时兼顾对生物的保护,那么水环境的主体应是以人为核心的生命系统,作为与之对应的客体,水环境就是与人类经济社会活动和生物生存有关的"水的空间存在"。因此,广义的水环境是围绕人群空间、直接或者间接影响人类生活和社会发展的水体的全部,是与水体有反馈作用的各种自然要素和社会要素的总和,具有自然和社会双重属性的空间系统。这样定义的水环境系统是一个复杂的巨系统,其每一动态变化都伴随着大量的物质、能量和信息的传递和交换。从系统科学的研究成果可以发现,对于此类系统的研究,仅靠分析个别的现象与局部的规律是远远不足以达到理想目的的,而应该站在系统整体的高度,运用系统科学的理论和方法,从系统的组成机制入手,在本质上把握水环境复合系统发展演化的机制,才能为水环境承载能力的研究提供理论基础。

1.4　干旱区域生态环境系统与水资源的关系

在水环境的概念中,有一个问题需要辨析,就是水资源与水环境的关系。水资源和水环境是从不同角度对水的理解和定义。从科学的真实性而言,他们的主体是一致的,即水体,它们的内涵也有相当大的一部分是重叠的,如水量和水质。但是如果从不同的角度去看,两者之间的关系将有所不同。从资源的角度而言,水资源重点强调在一定技术条件下,自然界的水对人类社会的有用性或有使用价值。这里所指有用主要是指经济学上的有用。基于这样的角度,狭义的水环境因为有用而成为一种资源,水环境也因此成为水资源的一部分。水环境的状态恶化会使其作为资源的价值下降,甚至消失,这是水环境改变水资源的一个重要方面。从环境的角度而言,水环境是人类和生物生存的水的空间存在,即生存环境,此时,水资源是水环境的一部分,水资源条件的不同,给予人类的生存环境也就不同;随着社会生产水平的提高,对资源的开发利用能力提高了,生存环境也将随之得到改善。生态环境的改善,同时造成自然资源的一些不利变化,如水资源的短缺和污染问题。如果从生存的环境去看水资源和水环境的关系,水资源对人类社会的物质贡献是来源于水环境的,水资源开发利用是改变水环境的一个重要方面。

1.5　生态优先的水资源合理配置研究的重要性

通过以上对于干旱区域生态环境现状及问题的阐述,并在生态环境系统及水资源相关性辨析的基础上,我们不难看出,水资源系统涉及经济、社会、技术和生态环境的各方面,是社会经济—水资源—生态环境的复合系统,特别是可持续发展战略实施和科学发展观的提出,对水资源配置的要求越来越高。如何确定水资源与生态环境间的关系、真正体现水资源的生态环境效果,如何寻求实现流域或区域社会、经济和生态环境综合效益协调最大的水资源合理配置理论和方法,这些都是水资源合理配置理论和应用研究中亟待解决的问题,也是本书提出的基于生态安全的宁夏中南部干旱区域水资源合理配置研究的原因所在。

生态系统水资源合理配置是从生态系统的角度来考虑水资源的分配问题的,在配水过程中,将生态环境用水量置于非常重要的位置,尤其是在我国西北干旱和半干旱地区,生态系统十分脆弱,水在生态系统中起决定性作用,生态环境用水的满足程度,直接影响生态系统的功能与价值,也间接影响着人民的生存、生活环境和社会经济的可持续发展。因此,在进行水资源配置前,必须对研究区的生态环境需水量进行合理准确的估算,将生态环境效益纳入水资源配置的总效益中,同时还要对水资源配置的生态效应和水文效应进行分析,并反馈到水配置决策部门,以便对水配置方案进行修正,最后得到最优或最合理的配水方案。

第2章 水资源合理配置国内外研究进展综述

水资源合理配置研究的发展,是与水资源的开发利用和人类社会协调发展密不可分的。近100年来,随着科学技术水平的提高和经济社会的发展,水资源管理逐步走向合理化、多样化和集约化,水资源系统优化调度和分配、水资源宏观区域规划、水环境战略保护等方面都有很大的进步,且随着水资源合理配置基础设施建设和管理手段的进一步完善,真正意义上的水资源合理配置已逐步实现。本章通过对大量文献的总结,阐述了国内外水资源合理配置的理论研究成果,以便读者了解该领域的最新研究动态,同时为本项目的后续研究以及后续章节的撰写奠定了基础。

2.1 国外水资源合理配置研究进展

以水资源系统分析为手段、水资源合理配置为目的的各类研究工作,首先源于20世纪40年代Masse提出的水库优化调度问题。1950年,美国总统水资源政策委员会的报告综述了水资源开发、利用等问题,为水资源量调查研究工作奠定了基础。最早的水资源模拟模型,是美国陆军工程师兵团(United States Army Crops of Engineers,简称USACE)于1953年为了研究解决美国密苏里河流域6座水库的运行调度问题而设计的。国外经济发达国家自20世纪60年代开始水资源合理配置理论方面的研究,随着系统分析理论和优化技术的引入以及20世纪60年代末计算机技术的发展,水资源模拟模型系统得以迅速研究和应用。1961年,Cashe和Lindedory以两个农业区的效益最大为目标,建立了线性规划模型来优化地下水—地表水的联合运用,成功解决了两个农业区的水量分配问题。由于水资源系统的复杂性,简单使用某些优化技术并不能取得预期的效果,而模拟模型技术可更加详细地描述水资源系统部分的复杂关系,并通过有效的分析计算获得满意的结果,从而为水资源宏观规划及实际调度运行提供充分的科学依据。1963年,Buras利用动态规划方法给几个独立灌区供水时,确定了地下水库、地表水库的最优供水策略。

进入20世纪70年代后,伴随计算机技术、数学规划和模拟技术的发展及其在水资源领域的应用,水资源管理系统的模型及水资源合理配置的研究成果不断增多。Marks于1971年提出水资源系统线性决策规则后,采用数学模型的方法描述水资源系统的问题更为普遍。1974年,Cohon对水资源多目标问题进行了研究,1975年,Haimes等应用多层次管理技术对地表水库、地下含水层的联合调度进行了研究,1976年,Rogers等在对印度南部Cauvery河进行规划时,以流域上游地区农作物总经济效益极大和灌溉面积极大为目标函数,建立了多目标规划模型;1979年,Cordova和Bras对利用随机控制原理和方法在作物生长季节内最优分配灌溉水量以取得最大经济效益问题进行了研究。

20世纪80年代,水资源分配的研究范围不断扩大,深度不断加深。1982年,加拿大内陆水中心(Canada Center of Inland Water)利用线性规划网络流算法解决了渥太华流域及五大湖系统的水资源规划和调度问题。同年,Pearson 等利用多个水库的控制曲线,以产值最大为目标,以输水能力和预测的需求值作为约束条件,用二次规划方法对英国 Nawwa 区域的用水量优化分配问题进行了研究;荷兰学者 ERomijn M.T 考虑了水的多功能性和多种利益的关系,强调决策者和决策分析者间的合作,建立了 Gelderlandt Doenthe 的水资源量分配问题的多层次模型,体现了水资源配置问题的多目标和层次结构的特点。伯拉斯所著《水资源科学分配》(1983 年),可以说是较早地系统研究水资源分配理论和方法的专著。该书简要阐述了 20 世纪六七十年代发展起来的水资源系统工程学内容,较为全面地论述了水资源开发利用的合理方法,围绕水资源系统的设计和应用这个核心问题,着重介绍了运筹学数学方法和计算机技术在水资源工程中的应用。西方许多国家自 20 世纪 70 年代末就开始对社会、经济、资源与环境的协调发展加以密切关注。

进入 20 世纪 90 年代后,由于水资源短缺和水污染的加剧,水资源合理配置的问题受到了国际上的广泛重视。在此期间,联合国出版社出版了《亚太水资源利用与管理手册》,提出水资源利用和管理的战略目标和实施方法,标志着水资源合理配置的发展进入到相对成熟的阶段。这一时期内传统的以水量和经济效益最大为目标的水资源优化模式已经不能满足需要,国外开始在水资源优化分配中注重水质约束、环境效益及水资源可持续利用的研究。1992 年,Afzal、Javaid 等针对 Pakistan 的某个地区的灌溉系统建立了线性规划模型,对不同水质的水量使用问题进行优化,在一定程度上体现了水质水量联合合理配置的思想。Watkins David 于 1995 介绍了一种伴随风险和不确定性的可持续水资源规划模型框架,建立了有代表性的水资源联合调度模型,运用大系统的分解聚合算法求解最终的非线性混合整数规划模型。1997 年,Wong Hugh S 等提出支持地表水、地下水联合运用的多目标、多阶段优化管理的原理和方法,在需水量预测中考虑了当地地表水、地下水、外调水等多种水源的联合运用,并考虑了地下水恶化的防治措施,体现了水资源利用和水资源保护之间的关系。Norman J. Dudley 将作物生成模型和具有二维状态变量的随机动态规划相结合,对季节性灌溉用水分配进行了研究。1999 年,Kumar 和 Arun 建立的污水排放模糊优化模型,提出了流域水质管理在经济和技术上的可行方案,但该模型忽略了不同行业的排放量与污水处理水平不一致的问题,于是又提出了一个所有污水排放非歧视性可替代方案,并可由污染控制部门来实施。

进入 21 世纪后,Minsker 等应用遗传算法建立了不确定性条件下的水资源配置多目标分析模型。Biclsa 和 Duart 利用合作博弈模型和非合作博弈模型,研究了西班牙东北地区的一个灌溉和水电系统,并进行了水资源分配。Chakravorty 和 Umetsu 建立了流域地表水、地下水利用的空间分配模型。总体来看,国外对水资源配置的研究主要考虑了水资源产权界定、组织安排和经济机制对配置效益的影响,对水资源配置的机制进行了研究,认为完全靠市场或完全靠政府都难以满足合理配置的要求,有效的流域水资源管理政策、体制是解决配置冲突的根本途径。

2.2　国内水资源合理配置研究进展

与国外相比,我国水资源科学分配方面的研究起步较迟,但发展较快。20 世纪 60 年代,我国开始了以水库优化调度为先导的水资源分配研究。80 年代初,由华士乾教授为首的研究小组对北京地区的水资源利用系统工程方法进行了研究,并在国家"七五"攻关项目中加以提高和应用。该项研究考虑了水的区域分配、水资源利用效率、水利工程建设次序以及水资源开发利用对国民经济发展的作用,成为水资源系统中水量合理分配的雏形。自 20 世纪 80 年代中期以来,区域水资源合理配置研究成为水资源学科研究的热点之一。由于区域水资源系统结构复杂,影响因素众多,各部门的用水矛盾突出,研究成果多以多目标和大系统优化技术为主要研究手段,在可供水量和需水量确定的条件下,建立区域有限的水资源量在各分区和用水部门间的合理配置模型,得到水量合理配置方案。1988 年,新疆水利厅会同有关单位进行了"新疆水资源及其承载能力和开发战略对策"的课题研究,首次涉及水资源承载力的分析计算方法,并提出了初步成果。在理论研究方面,贺北方于 1988 年提出区域水资源优化分配问题,并建立了大系统序列优化模型,采用大系统分解协调技术进行求解,又于 1989 年建立了二级递阶分解协调模型,运用目标规划进行产业结构调整,并将该优化模型应用到郑州市水资源系统分析与最优决策研究中。1988 年,翁文斌等以安阳市地面水和地下水联合调度为例,在其水资源循环过程中建立了农业灌水、城市需水量、农业需水量、配水等七大物理模拟模块。1989 年,吴泽宁等以经济区社会经济效果最大为目标,建立了经济区水资源优化分配的大系统、多目标模型及其二阶分解协调模型,采用多目标线性规划技术求解,并以三门峡市为实例进行了验证。

进入 20 世纪 90 年代后,人们在系统地总结了以往研究结果的基础上,将宏观经济、系统方法与区域水资源规划实践相结合,形成了基于宏观经济的水资源合理配置理论,并在这一理论指导下提出了多层次、多目标群决策方法。1990 年,程吉林采用模拟技术和正交设计对灌区进行优化规划,利用层次分析法扩大了优化范围。翁文斌、惠士博利用动态模拟方法对区域水资源规划的供水可靠性进行了分析研究。中国科学技术出版社出版的《水资源大系统优化规划与优化调度经验汇编》一书就是总结我国近年来在供水、水电、灌溉与围垦、防洪与治涝以及综合利用方面的实践经验,介绍这方面的新理论和新技术。

中国水利水电科学研究院、航天工业总公司 710 研究所和清华大学相互协作,在国家"八五"攻关和其他重大国际合作项目中,系统地总结了以往的工作经验,将宏观经济、系统方法与区域水资源规划实践结合,提出了基于宏观经济的水资源合理配置理论,在这一理论指导下的多层次、多目标群决策方法,具体体现所提理论方法的区域水资源合理配置决策支持系统,以及应用这一系统对华北水资源问题所进行的专题研究成果。

黄河水利委员会利用世界银行特别贷款,进行了"黄河流域水资源经济模型研究",并在此基础上,结合国家"八五"科技攻关项目,进行了"黄河流域水资源合理分配及优化调度研究",对地区经济可持续发展与黄河水资源、地区经济发展趋势与水资源需求、黄河水资源规划决策支持系统、干流水库联合调度、黄河水资源合理配置、黄河水资源开发利用中的主要环境问题等方面,进行了深入研究,并取得了较为成功的经验。这项研究是我国第一个对全流域进行合理配置的研究项目,对全面实施流域管理和水资源合理配置起到了典范的作用。中国水科院在新疆、大连、河北邯郸、河南安阳等地也进行了较为深入而广泛的水资源系统分析研究。

解决水资源问题将是我国 21 世纪可持续发展的重大课题。2000 年,吴险峰、王丽萍等探讨了北方缺水城市——枣庄市在水库、地下水、外调水等复杂水源下的优化供水模型,从社会、经济、生态综合效益考虑,建立了水资源合理配置模型。2002 年,贺北方、周丽等运用遗传模拟退火算法,对河南省济源市水资源合理配置进行了研究。2003 年,冯耀龙、韩文秀等分析了面向可持续发展的区域水资源合理配置的内涵与原则,建立了多目标合理配置模型,并以天津市为对象进行了研究。2005 年,刘建林等建立了南水北调东线工程联合调水仿真模型,提出了调度模型的计算过程以及调算的水文系列和计算时段。2006 年,陈南祥以南水北调中线河南受水区域为研究对象,运用复杂系统理论和遗传算法建立了区域水资源合理配置模型,解决了多水源地区水资源合理配置问题。同年,姜宝良等对洛阳市地表水、地下水联合运用进行研究,运用地下水数字模拟、水位预报回归模型等开发了基于 GIS 的实时调度系统。甘泓、尹明万结合邯郸市水资源管理项目,率先在地市一级行政区域研究和应用了水资源配置动态模拟模型,并开发出界面友好的水资源配置决策支持系统。谢新民和岳春芳等针对珠海市水资源开发利用面临的问题和水资源管理中出现的新情况,采用现代的规划技术手段,包括可持续发展理论、系统论和模拟技术、优化技术等,在国家"九五"重点科技攻关研究成果的基础上,建立了基于原水—净化水耦合配置的多目标递阶控制模型,给出了 2 种优先推荐的配置模式和 70 多个推荐配置方案,为珠海市未来 20 年时间尺度上的水资源合理配置和统一管理提供了科学的依据。2005 年,李小琴在分析了黑河流域水资源开发利用现状的基础上,对黑河流域水资源需求进行了分析和预测,应用遗传算法求解 LPM 模型,建立了水资源合理配置模型,获得了水资源合理配置方案。2006 年,张力春利用多目标线性规划模型和模糊式识别方法对吉林西部水资源进行了合理配置,并得出在保证生活用水和注重生态环境的前提下,实现了经济净效益和社会效益最优。总之,上述研究成果标志着我国经过了几代人坚持不懈的努力,使我国水资源合理配置研究从无到有,逐步走向成熟。孙弘颜通过系统动力学仿真研究方法,提出长春市水资源的合理配置模型,对系统动力学仿真预测结果进行分析,并提出长春市水资源的配置方案和实施方案。2007 年,董洁以水资源合理配置理论为基础,分析了济南市水资源现状,并通过建立遗传算法模型来解决济南市水资源在国民经济各部门的配置;董贵明等采用开放式遗传算法对南水北调中线河南受水区域内郑州市水资源进行合理配置,该算法能够有效地处理不可行个体。刘成良、任传栋等针对邯郸市水资源合理配置中涉及多水源、多用途、不同供水区域的特点,根据多目标决策理论,以追求经济、社会、环境综合效益为主要目标,进行多目标水资源合理配置研究。李忠梅、张军以山东省为例进行生态环境需水量分析预测,探讨水资源合理配置的理论与方法,在基本满足生态环境用水的前提下,通过建立水资源合理配置系统模型,生成水资源总体配置方案,以实现水资源供需的基本平衡,以水资源的可持续利用,支撑和保障经济社会的可持续发展。张廉祥、蔡焕针对石羊河流域武威属区的水资源状况,对石羊河流域水资源系统进行合理的概化,并提出基于目标、约束条件及边界函数的网络模拟计算流程,建立该流域生态与正常用水相结合的石羊河流域武威属区水资源合理配置网络模拟模型。在模型中,采用典型年法以季度为计算时段进行了不同保证率、不同水平年的水资源配置模拟计算,提出了多年平均的不同水平年的推荐方案,为缓解石羊河流域武威属区供需水量矛盾、经济发展及环境规划提供了依据。王铁良、袁鑫、芦晓峰根据辽宁双台河口湿地开发利用现状及规划目标,选取湿地天然生态环境需水量、农业灌溉及养殖需水量、生活用水量为3个目标,以湿地各类面积为决策变量,并以恢复到2000年的湿地各类面积值为约束条件,以系统工程的观点为指导,运用多目标规划理论,构建了湿地水资源合理分配的多目标规划模型,建立了3种配置方案进行比较。

从我国水资源合理配置的理论与实践研究结果来看,主要集中在以下几个方面。

2.2.1 "以需定供"的水资源配置模式特点

该模式以经济效益为唯一目标,以过去或目前国民经济结构和发展速度资料预测未来的经济规模,通过该经济规模预测相应的需水量,并以此得到的需水量进行供水工程规划。但忽视影响需水量的诸多因素间的动态制约关系,导致水资源过度开发,同时,也没有体现水资源的价值,导致水资源浪费。

2.2.2 "以供定需"的水资源配置模式特点

该模式以水资源供给的可能性进行生产力布局,强调水资源的合理开发利用,以水资源背景布置产业结构,有利于保护水资源。但是,水资源的开发利用水平与区域经济发展阶段和发展模式密切相关,水资源可供水量是随经济发展相依托的动态变化量。因此,这种模式可能导致与经济发展的不协调。

2.2.3 基于宏观经济的水资源配置模式特点

该模式在考虑水资源供需平衡的基础上,通过投入产出分析,从区域经济结构和发展规模分析入手,将水资源合理配置纳入宏观经济系统,以实现区域经济和资源利用的协调发展。但是,该模式忽视了资源自身的价值和生态环境的保护,与环境产业的内涵及可持续发展概念不相吻合。

2.2.4 可持续发展的水资源配置模式特点

可持续发展的水资源配置遵循人口、资源、环境和经济协调发展的原则,在保护生态环境的同时,促进经济增长和社会繁荣。但是,可持续发展的水资源合理配置,在模型结构及模型建立上与实际应用都还有相当的差距。

2.3 存在的问题

虽然国内外在水资源的合理配置方面已经进行了大量的研究,并且也取得了一些成果,但是由于水资源配置的复杂性和特殊性,同时由于人们认识上的有限性、科学技术局限性等诸多因素的制约,研究中尚未解决的问题还很多。

迄今为止,大多数水资源规划在对"各方面对水资源的需求"进行分析时,特别是在各方面对水资源需求的预测中,一般都围绕工业用水、农业用水和生活用水三个主要方面,而较少甚至不考虑生态用水的需求。换句话说,以往的水资源规划对经济规律研究得较多,而对自然规律研究得较少。21 世纪的水资源规划,必须着眼于经济社会的可持续发展,认真研究并确定流域或区域内的生态环境目标,确保流域或区域内基本的生态用水量,在此前提下,实现水资源在经济部门之间的合理配置。一定要遵循这样的水资源分配原则:当生态用水与经济用水发生矛盾时,应优先保证生态用水;当经济用水受到很大限制时,应充分考虑水资源条件,要么积极采取节约用水措施,要么大力协调区域工农业生产结构和布局。水资源系统是一个开放的、复杂的巨系统,实现水资源的合理配置,需要由多个行业和部门的协同配合。只有这样才能真正实现水资源在人类生活、工业、农业、生态等各部门间的合理配置。

2.4　研究趋势

从国内外研究的进展来看,区域水资源合理配置还有许多方面尚待研究。

2.4.1　基于生态价值观的水资源配置理论体系

长期以来,在研究水资源供需问题、水资源配置问题时,只考虑人工生态系统的需水量,忽略了自然生态系统的需水量;只强调生产和生活需水量,忽视了生态系统本身的生态环境需水量,认为需水量由三部分组成,即需水量 = 农业需水量 + 工业需水量 + 城市生活需水量。由于对生态环境需水量的忽视,而带来生态失衡与环境恶化,并限制了经济的发展。在考虑生态环境需水量后,需水量应该由四部分组成,即需水量 = 农业需水量 + 工业需水量 + 城市生活需水量 + 生态环境需水量。也就是说,现在、未来在研究水资源供需问题、水资源配置问题时,除了考虑经济和生活需水量,还必须考虑生态环境需水量。在生态环境脆弱地区,对生态需水量需要赋予更高的优先级。只有这样,才能保证水资源的良性循环,实现水资源的可持续利用、恢复和重建生态环境。

2.4.2　水质和水量耦合研究

水质和水量是密切相关的,离开水质谈水量没有实际意义。有关分析资料表明,在我国未来发展中,水质导致的水资源危机大于水量危机,必须引起高度重视。因此,在水资源优化配置过程中,应该充分重视水质问题,水质问题与环境和生态问题密切相关,实现了水质水量的优化配置,必将有利于水环境与生态环境的改善和保护,最终实现水资源开发利用的良性循环。

2.4.3　水资源优化配置的全局性

水资源优化配置是一个全局性问题。对于缺水地区,必然应该统筹规划、调度水资源,保障区域发展的水量需求及水资源的合理利用;对于水资源丰富的地区,必须努力提高水资源的利用效率。我国目前的情况却不尽然,对于水资源严重短缺的地区,水资源的优化配置受到高度重视,我国水资源优化配置取得的成果多集中在水资源短缺的北方地区和西北地区;对水资源充足的南方地区,研究成果则相对较少,但是在水量充沛的地区,往往存在因水资源的不合理利用而造成的水环境污染破坏和水资源的严重浪费,必须予以高度重视。

第 3 章　基于生态优先的水资源合理配置基本理论研究

　　水资源系统是一个动态、多变、不平衡的复杂大系统,涉及社会、经济、环境、资源等多方面。到目前为止,水资源合理配置在理论研究和实际应用方面,尤其是在实际应用中都存在着诸多不尽人意的地方。本章在可持续发展的水资源配置模式的指导下,研究基于生态优先的水资源合理配置模式,是对水资源合理配置理论的进一步补充与完善,具有重要的理论和实际意义。

3.1　区域水资源合理配置的发展模式研究

　　自 20 世纪 60 年代以来,我国在水资源科学分配方面进行了大量的研究工作,并形成了一些理论体系与配置模式。

3.1.1　"以需定供"的水资源配置模式研究

　　在过去相当长的一段时间里,人们错误地认为"水资源取之不尽、用之不竭"。在水资源开发利用过程中更强调的是供水管理,实施"以需定供"的水资源配置模式,而这种模式是将追求经济效益最大化作为唯一目标。这种配置模式有许多的弊端,首先,在进行供水工程规划时忽视了影响需水量预测的诸多因素间的相互制约关系,习惯于按照过去的社会经济发展速度和经济结构来预测未来的发展规模,进而预测相应的需水量,无法达到节水及水资源高效利用的目的;其次,在"水资源取之不尽、用之不竭"错误思想的指导下,大量修建水利水电工程从大自然掠夺式地索取水资源,引发了一系列生态环境问题,并严重威胁到人类的生存、阻碍了经济社会的发展;最后,由于"以需定供"的模式没有凸显水资源的价值,导致社会节水意识淡薄,也给高效节水技术的应用和推广带来不便,更加剧了的水资源浪费,致使区域水资源供需矛盾更加突出。

3.1.2　"以供定需"的水资源配置模式研究

　　与"以需定供"的水资源配置模式相反,"以供定需"的水资源配置模式是根据水资源的供给能力布置产业结构,更加强调"需水量管理",体现了水资源的价值,提高了社会节约用水意识,达到了水资源高效利用和保护的目的。但是水资源的开发利用水平与区域经济发展模式是密不可分的,在经济发展的同时可促进先进供水技术和节水技术的应用推广,进而提高水资源开发利用水平。由此可见,在经济社会发展是与水资源可供给量互为依存、互相影响的一个动态变化量,"以供定需"的水资源配置模式在确定可供水量时脱离了区域社会经济发展水平,其供水量确定缺乏依据。

3.1.3 基于宏观经济的水资源配置模式研究

"以需定供"的水资源配置模式以及"以供定需"的水资源配置模式都将水资源的需求和供给相分离,无法实现水资源利用与区域经济的协调发展,且不利于水资源的管理与分配。于是将区域经济发展水平与水资源供求动态平衡结合起来考虑的"基于宏观经济的水资源配置模式"便应运而生。这种水资源配置模式虽然将水资源合理配置与宏观经济发展系统统筹考虑,但并没有体现水资源自身价值,同时忽视了生态环境的保护,背离了生态环境保护的内涵及水资源可持续发展观念。

3.1.4 可持续发展的水资源配置模式研究

可持续发展的水资源合理配置模式是对宏观经济水资源配置模式的又一次提升,该模式遵循了环境、经济和资源和谐发展的原则,将生态环境需水量纳入到水资源配置中,以达到生态环境系统健康、良性发展以及水资源可持续利用的目标。但当前可持续发展的水资源合理配置模式研究大多局限于理论及可持续发展的判别方法、指标体系构建以及水资源配置模型方面的研究,而配置模型大多也还停留在概念模型的层面,且模型结构与配置模式离指导实践还有一定的差距,仍需加强这方面的研究。

通过对以上几种水资源合理配置模式的辨析,不难发现可持续发展的水资源配置理论及模式适应当前及未来社会经济发展及生态环境建设的需求。

3.2 可持续发展的水资源合理配置基本概念与内涵

3.2.1 可持续发展的水资源合理配置概念

目前国内关于可持续发展的水资源合理配置概念和内涵,代表性解释主要有:①依据可持续发展的需要,通过工程与非工程措施,调节水资源的天然时空分布;开源与节流并重,开发利用与保护治理并重,兼顾当前利益与长远利益,处理好经济发展、生态保护、环境治理和资源开发的相互关系;利用系统方法、决策理论和计算机技术,统一地调配地表水、地下水、处理后可回用的污水(回用水)、从区域外调入的水(外调水)及微咸水;注重兴利与除弊的结合,协调好各地区及各用水部门间的利益矛盾,尽可能地提高区域整体的用水效率,促进水资源的可持续利用和区域的可持续发展。②李令跃、甘泓从可持续发展的角度对水资源合理配置进行了定义,即"在一个特定的流域或区域内,以可持续发展为总原则,对有限的、不同形式的水资源,通过工程措施与非工程措施在各用水户之间进行科学分配"。③水资源合理配置是指在流域或特定的区域范围内,通过工程与非工程措施,对多种可利用水源进行合理的开发和配置,在各用水部门间进行调配,协调生活、生产、生态环境需水量,达到抑制需求、保障供给、协调供需矛盾和有效保护生态环境的目的。④王浩、秦大庸、王建华等在黄淮海流域水资源合理配置中,针对北方干旱地区提出了水资源合理配置的定义:在水资源生态经济系统内,按照可持续性、有效性、公平性和系统性的原则,遵循自然规律和经济规律,对特定流域或区域范围内不同形式的水资源通过工程措施与非工程措施,对多种可利用水源在宏观调控下进行区域间和各用水部门间的科学调配。⑤赵斌等认为水资源合理配置是指在一定时段内,对一特定流域或区域的有限的多水质水资源,通过工程措施和非工程措施,合理改变水资源的天然时空分布;通过跨流域调水及提高区域内水资源的利用效率,改变区域水源结构,兼顾当前利益和长远利益;在各用水部门之间进行科学分配,协调好各地区及各用水部门之间的利益矛盾,尽可能地提高区域整体的用水效率,实现流域或区域的社会、经济和生态环境的协调发展。⑥方红远认为流域水资源合理配置是在流域水资源可持续利用思想指导下,遵循水文循环的自然规律与人类行动的经济规律,通过工程和非工程措施,借助于先进决策理论和计算机技术,干预水资源的天然时空分配,统一地调配流域地表水、地下水、废污水、外流域调水、微咸水和海水等水源,以合理的费用保质保量地适时满足不同用户的用水需求,充分发挥流域水资源的社会功能和生态环境功能,促进流域及区域经济的持续稳定发展和生态系统的健康稳定。

　　总结以上几种代表性内涵与定义,可知可持续发展水资源合理配置的概念和定义经历了一个逐步发展和完善的过程。尽管学者们出发点不同,对水资源配置的定义也有所不同,但通过对比总结不难发现,各种定义均有一些共同的特点,即一个完整的水资源合理配置涵义及过程应该包括这样几个内容:①水资源配置要有明确的限定范围:须在一定的流域或区域内;②多种水源参与配置:当地地表水、当地地下水、外调水、回用水等;③水资源配置须遵守一定的分配原则,而具体的配置原则需根据区域特点以及配置目的来确定;④水资源配置的措施包括工程措施和非工程措施以改变水资源的天然时空分布,实现水资源的高效利用;⑤实行水资源配置的区域内,有多个用水部门:生活、农业、工业、生态;⑥水资源配置系统的功能是综合的、多目标的:经济目标、社会目标、生态目标都要兼顾;⑦水资源合理配置系统的状态应是动态变化的,要考虑社会发展、技术水平进步、社会可持续发展要求等;⑧生态环境用水应与国民经济生产用水一样,是需水量结构中的重要组成部分,并且在干旱缺水地区,生态环境需水量还需优先考虑。

3.2.2　水资源合理配置的基本功能

　　通过对水资源合理配置概念、内涵的理解和认识,认为水资源合理配置的基本功能包含3个方面:

　　(1)在水资源供给方面,要通过工程措施和非工程措施改变水资源的天然时空分布来适应生产力布局,并且应在生态环境和经济社会允许的条件下,修建必要的供水设施和调水工程,调整与改变水资源的天然时空分布,适应现有的生产力布局和未来的发展,保证经济社会的可持续发展。

　　(2)在水资源需求方面要建设节水型社会,对于工业、农业、生活需水量要通过调整产业结构、使用节水型设备、采用节水型工艺,降低对水资源的需求,以适应当前较为不利的水资源条件。

　　(3)在水资源配置过程中,对于干旱缺水地区,应合理考虑生态环境需水量,保证水资源在生态环境及各社会经济用水部门合理分配,以确保生态环境的良性循环以及经济社会的可持续发展。

由此可见,水资源配置的3项基本功能是相辅相成的,只有将3项功能统筹考虑,尤其是本书提出的生态优先的水资源配置理念,要着重突出第3项功能,才能最终实现合理的水资源配置。

3.2.3　水资源合理配置的研究对象和内容

水资源合理配置,其主要研究对象及内容如下:

(1)从供给方面研究工业、农业、生活等各行业先进节水技术,降低对水资源的需求;从供给方面研究雨洪利用、污水资源化,提高水资源的利用效率,建立节水型社会。

(2)必须考虑生态环境建设用水及良性发展。

(3)将区域有限水资源在各子区、各用水部门之间进行最优分配。

(4)在多种水源联合供水时,寻求各种水源的最优供需水量配置。

(5)水资源系统结构合理,各水源与各用水部门间配置得当,保持系统良性发展态势。

(6)"以供定需"进行产业结构调整,使区域社会经济的发展速度和规模与资源、环境相适应,促进区域社会、经济、环境协调持续发展。

3.2.4　水资源合理配置的指导思想

水资源的配置过程是人类对水资源及其环境进行重新分配和布局的过程。它既可对生态环境产生良好的影响,促进经济、社会的持续发展,也可导致生态环境恶化,影响经济、社会正常发展,因此必须加强水资源配置的研究和实践,以利社会、经济的持续发展。针对水资源配置的特点,冯尚友提出下列几点指导思想:

(1)在维持生态经济系统均衡的前提下,从水资源利用系统本身的质和量与空间和时间,从宏观到微观层次,从开发、利用、保护水资源及其环境同步规划和同步实施角度,综合配置水资源及其有关资源,从而取得环境、经济和社会协调发展的最佳综合效益。

(2)水资源是一种再生资源,具有时空分布不均和对人类利害并存的特点。对它的开发利用要有一定的限度,必须保持在它的承载能力之内,以维持自然生态系统的更新能力和永续地利用;对水患的防治也只能保持在一定的防洪标准之内,达到防洪、减灾目的,不可能也无须采用所谓的完全消灭水害的措施。

(3)在水资源利用和水患防治系统范围内,生产、生活废弃物的排放应尽可能地减少到最低程度,即保持在环境容量范围之内,从而消除或减轻环境污染或防治污染的负担,保持水的清洁和充分的水量。

(4)水资源合理配置必须从我国国情出发,并与地区社会经济发展状况和自然条件相适应。应按地区发展计划,有条件地分阶段配置资源,以利环境、经济、社会协调持续发展。

3.3　可持续发展的水资源合理配置基本理论研究

3.3.1　可持续发展的水资源合理配置基本要素

水资源同任何自然资源一样,具有质、量、时、空的基本属性。水资源在社会、经济、生态环境子系统中的合理配置应包括水质、水量、空间和时间四种基本配置要素。

3.3.1.1　水质配置

水质作为水资源的一项功能,与水量的供水功能有相互依存的关系,没有水量,水质便没有依托;不具有各类用水所必需的水质要求,水量的供水功能也就降低或消失。这就要求水资源合理配置应该根据不同用水部门的水质要求,结合水量进行分质供水。

3.3.1.2　水量配置

各用水部门不仅有水质要求,而且有水量要求;即使用水部门具有同样的水质要求,也会存在不同的水量要求。因此,水量配置就是在水资源复合系统内进行各要素的水量组合,即各要素之间水资源的数量配比。

3.3.1.3　空间配置

一个区域均是由众多子区组合而成的,水资源合理配置在区域的具体实施必然要考虑区域中子区间的配置问题,如此便涉及水资源的空间配置问题。

3.3.1.4　时间配置

由于天然来水与用水部门用水在时间上并不是同步的,水患灾害与水资源利用在水量上也存在矛盾,因此对天然来水实施拦蓄、储存等控制措施,就需要通过工程措施和非工程措施对水资源进行时间上的调配,以满足用水部门的用水要求。

3.3.2　可持续发展的水资源合理配置目标

水资源合理配置的最终目的是实现水资源的可持续利用,保证社会经济、资源和生态环境的协调发展。水资源合理配置的实质就是提高水资源的配置效率,一方面提高水的分配效率,合理解决各部门和各行业(包括生态环境需水量)之间的竞争用水;另一方面则是提高水的利用效率,促使各部门和各行业内部节约高效用水,水资源合理配置是全局性问题,对于缺水地区,应统筹规划,合理利用水资源,保障区域发展的水量需求。对于水资源丰富的地区,必须提高水资源的利用效率。水资源合理配置包括需水量管理和供水管理两方面的内容。在需水量方面,通过调整产业结构和生产力布局,强化对水资源的统一管理,加强节水法规建设,大力提高全民的节约用水和环境保护意识,合理调整水价,充分发挥水价的杠杆调节作用,努力抑制需水量增长势头,以适应较为不利的水资源条件;在供水方面,则应当在生态环境和经济社会允许的条件下,修建必要的供水设施和跨流域调水工程,调整与改变水资源的天然时空分布,适应现有的生产力布局和未来的发展,保证经济社会的可持续发展。因此,水资源短缺是促使水资源实行合理配置的内在动力,而社会经济的快速发展和产业结构的调整则是实现水资源合理配置的外部动力。

3.3.3 可持续发展的水资源合理配置属性

水资源合理配置的属性主要有以下几个方面。

3.3.3.1 多种水源类型

水资源类型通常包括当地地表水、地下水、距区外调水、污水回用以及其他非常规水源。国际上一般优先配置当地地表水资源,其次是地下水、再生水,然后是非常规水源以及跨流域调水等。然而各种水资源利用的优先顺序并不是一成不变的,它与当地水资源条件、经济发展水平、工程技术水平、社会习俗等因素密切相关,需通过科学论证选择合适的配置原则和顺序。

3.3.3.2 多种要素

水资源具有水量、水质、水温、水能等要素,而水资源的供水、发电、养殖、航运等目标正是由某些要素和属性所决定的。水资源具有量质统一性,因为水质不达标而无法满足特定的功能;水量过少或过多都会影响到水能资源的利用;水库在蓄存水量的同时形成的温度场对灌溉和养殖也会产生一定的不利影响。因此,水资源合理配置须统筹考虑水资源的水量、水质、水温、水能等要素。

3.3.3.3 多用户

水资源合理配置的实质是通过各种措施和手段将水资源分配到各用水户,因此掌握各用水户的用水特性、水要素需求、用水发展趋势等,对制订用水计划和拟订配置方案都具有重要的作用。在需水量预测和供需分析中,常将用水划分为生活、生产和生态三大类,还可对每一类进行更细致的划分。

3.3.3.4 多目标

水资源具有综合利用的多目标性,通常分为供水、发电、航运、养殖、生态保护等;从水资源利用效益角度,将其划分为社会目标、经济目标和生态目标;从安全角度,将其目标分为针对国民经济发展用水的供水安全、针对生态环境用水的生态安全,以及与水量调配密切相关的防洪安全。水资源开发利用的各目标之间往往是矛盾的,是不可公度的。传统的水资源合理配置多采用多目标规划技术,追求可供水量或经济效益最大化;而可持续发展框架下的水资源合理配置在追求经济效益的同时,强调了用水公平和环境完整性,是更加复杂的多目标决策问题,宜采取定性与定量相结合的综合集成方法进行。

水资源合理配置具有一定的层次性和关联性,如图3-1所示。因此,统筹考虑水资源多类型、多要素、多用户、多目标的属性,确立各属性的重要程度和优先次序,是实现水资源合理配置的关键。兼顾公平、高效原则,本书认为生态优先的水资源合理配置应考虑生态环境需水量,保证安全、合理的城乡居民生活用水,同时兼顾工业等用水需求。

3.3.4 可持续发展的水资源合理配置机制

3.3.4.1 合理配置目标的度量与识别

资源分配是可持续发展的基本问题之一,可持续发展要求:自然资源应当在时间上、地区上和社会不同阶层的受益者之间合理地进行分配。既要考虑到当代的发展,又要照顾到后代发展的需要;既要照顾到发达地区的发展现实,又要求发达地区今后的发展不应

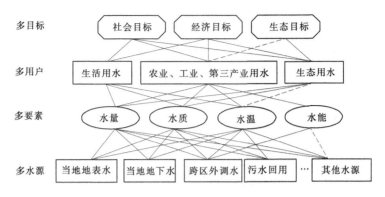

图 3-1　区域水资源合理配置属性关系

以继续损害欠发达地区的可持续发展能力为代价;既要追求以提高自然资源总体配置效率为中心的合理配置模式,又要注意效益在全体社会成员之间的公平分配。可见,区域可持续发展模式的发展目标是多元的,为其服务的水资源合理配置也是一个多目标决策问题。因此,描述区域经济发展的目标主要有以下几个:

(1)经济目标——供水经济效益最大,包括生活用水效益,生态用水效益,工业、农业用水效益等,它能全面客观地衡量一个地区的经济发展状况,并可以与其他国家或地区进行横向比较。在水资源合理配置中该值越大越好。

(2)社会目标——在水资源的合理配置中,社会目标不易度量,而区域缺水量的大小或缺水程度影响到社会发展和安定,故一般用区域总缺水量来间接反映社会目标,其值越小越好。

(3)环境目标——可以有两种表示方法。

①生化需氧量 BOD 或化学需氧量 COD。发展区域经济的同时,必须重视环境的保护与改善。生化需氧量 BOD 不仅与生产有关,而且与生活有关,普遍适用于描述城市污水排放量与污水治理的关系以及河流的水质情况。因此,在水资源合理配置决策中采用 BOD 或 COD 作为区域发展的环境目标都是合理的。

②城市生态环境需水量。城市生态环境需水量的多少,是关乎环境能否可持续发展的关键要素,城市水资源系统的完整性与可持续性的维持必须要有一定的生态环境需水量作为基础,没有这个基础,生态环境问题的显现就是迟早的问题,水资源可持续利用也就无从谈起。

以上 3 目标之间存在着很强的竞争性,特别是在水资源短缺的情况下,水已经成为经济、环境、社会发展过程中诸多矛盾的焦点。在进行水资源合理配置时,各目标之间相互依存、相互制约的关系极为复杂,一个目标的变化将直接或间接地影响其他各个目标的变化,即一个目标值的增加往往要以其他目标值的下降为代价,称为目标间的交换比或权衡率。研究复杂的水资源合理配置问题时,目标间的交换比对加深问题的认识具有重要意义。

3.3.4.2　合理配置中的平衡关系

在以区域可持续发展为目标的水资源合理配置过程中,必须保持若干基本平衡关系,才能保证合理配置策略是现实可行的。

1. 水资源量的需求与供给平衡

在长期发展过程中,无论是需水量还是供水量均处于动态,因而供需间的平衡关系只能是动态平衡。从需水量方面看,主要的影响因素是经济总量、经济结构和用水效率。在供水方面,影响供水的主要因素为供水的工程能力和调度策略。在水资源需求量与供给量均是变量的情况下,动态平衡的保持只能在一定时期和一定程度内。当供水能力大于需求时,就会造成资金的积压,反之则会由于缺水而给国民经济造成损失。在缺水的情况下,减少对不同部门的供水以及减少的程度会导致不同的缺水损失,因而找出较合理的动态供需平衡策略,便成为水资源合理配置的主要任务之一。

2. 水环境的污染与治理平衡

与水资源量的需求与供给一样,水环境的污染和治理两方面也是变化的,因而二者之间的平衡也是动态平衡。进入水环境的污染物来源于两个方面:一是上游随流而下的,二是当地排放的。当地排放的污染物总量及种类与经济总量、结构及分部门单位产值排放率有关。在水环境的治理方面,主要的影响因素是污水处理率、污水厂处理能力、污水处理级别,以及处理后的污水回用率。水环境的污染与治理之间的动态平衡包含着两方面的内容,即污水排放量与处理量、回用量之间的平衡,以及各类污染物质的排放总量与去除总量、自然降解总量之间的平衡。

上述两种平衡是相互联系的。因为对任何水体来说,没有一定的质便没有一定的量,污染导致的水质严重下降会极大地减少有效水资源量,同时处理后可回用的污水也将增加有效供水量。因此,在进行水量与水质的综合平衡时要充分考虑到二者的相互作用与转化。

3. 水投资的来源与分配的平衡

水投资包括节水、水资源的开发利用和水环境的治理保护所需的建设资金和运行管理费用。水投资的来源取决于总投资额的大小及国民经济各部门之间的投资分配比例。水投资的使用主要分为水资源开发利用和水环境的保护治理两方面。水资源的来源与分配间的平衡是通过水量的供需平衡及水环境的污染及治理平衡来实现的。由于水资源开发利用和水环境的治理保护均是重要的社会基础产业,具有建设周期长和投资额巨大的特点,因此水资源的来源与分配之间的动态平衡是水资源合理配置策略得以实施的重要条件之一。

3.3.5 多水源的复杂水资源系统描述

多水源的复杂水资源系统主要包括当地地表水、地下水、处理后可回用的污水(回用水)以及从外流域调入的水(外调水)等。一般不同水源的来水规律及使用对象不同,其开发利用的成本和效益就不同,且对生态环境的影响也不相同,通过对多水源的合理配置,可以充分发挥水资源的整体效益,有效地解决水资源供求矛盾。

3.3.5.1 当地地表水资源的主要特点

在分布上相对集中,便于沿江沿湖开发;从来水规律上看,年内及年际水量分布很不均匀,汛期来水量相对集中,往往需要有较大的调节库容;从环境生态角度看,地表水资源既是生态系统中最为活跃的因子,同时又最易受到污染,因而在开发利用中要尽可能注意水污染控制;从开发利用的角度看,地表水源工程一般都是综合利用工程,往往需要承担供水、防洪、灌溉、发电、养殖等多项任务。

3.3.5.2　地下水资源的主要特点

地下水资源的最大特点是分布式水源,因而其开发利用较为普遍。地下水一般比较稳定,且水质较好,主要用于生活用水和农业灌溉,在地下水资源较为丰富的地区也大量用于工业。浅层地下水一般更新较快,在合理利用的条件下,每年均可得到一定程度的恢复;深层地下水一般补给源很小,开采后很难恢复,不能作为一般的水源使用。通常由于受土壤包气带的作用,地下水蓄水量的丰枯变化规律往往比地表水要滞后一段时期,因此考虑地表水、地下水的联合补偿调节,通常会有较大的效益。地下水的另一个显著特点是其环境生态"惯性"较大。由于埋藏在地下,较地表水而言,不易受到污染,但一旦受到污染,其治理和恢复是相当困难的。另外,在一些地区,由于地下水大规模超采引起了地面塌陷等环境地质灾害问题,因此在多水源的合理配置中应对地下水的超采予以较为严格的限制。

3.3.5.3　处理回用水的特点

当地地表水、地下水均属于原水,处理回用水则属再生水源。由于目前污水处理率普遍较低,且清污合流现象突出,回用水的水质一般较差,一般只能作为工业冷却水、城市绿化用水及农业灌溉用水等。另外,回用水往往处理成本高,且输水管道费用较高,供水成本一般很高,一个有利的条件是年内供水量较稳定。因此,在多水源的合理配置中,应针对该水源的特点,在用水对象及工程落实后,将回用水统一调度。

3.3.5.4　外调水(客水)水资源的主要特点

当地水资源不能满足需求时,势必要从外地区调水。外调水成本一般较高,通常作为补充水源,外调水的可调水量受调出地区水资源开发利用模式的影响,并要首先满足水资源调出区的综合利用需要。在多水源联合调度下,外调水与当地水的供水优先级不仅要考虑到总供水量、供水保证率和不同水价的协调,也要考虑到外调水用户的承受能力,因而其调度规则的制定本身是一个复杂的决策问题。

3.4　区域水资源合理配置的主要方法

3.4.1　线性规划法

线性规划是用来解决约束条件为线性等式或不等式,目标函数为线性函数的最优化问题,这种方法多用于解决资源分配型问题、存储问题等。其数学模型可表示如下:

$$
\left.\begin{array}{ll}
\text{目标函数:} & \max(\text{或 } \min)\ Z = CX \\
\text{约束条件:} & AX(<,\ =,\ >)b \quad (X \geq 0)
\end{array}\right\} \tag{3-1}
$$

线性规划的通用解法是单纯形法和改进的单纯形法。如果线性规划要求解值必须是整数,就是所谓的整数规划,它是线性规划的扩展。郭元裕、白宪台等在湖北江汉平原四湖地区建立了除涝排水系统的规划模型,其中利用线性规划法对子系统的除涝水量进行优化和协调,得到全系统总除涝水量的最优分配;沈佩君对宝鸡峡的引水灌溉系统建立了灌区扩建、改建的线性优化模型,不仅确定了扩建、改建工程的最优布局,还确定了最优灌溉面积及最优调配水量。可见,应用线性规划法解决水资源配置问题主要集中在20世纪80年代初期。

3.4.2 非线性规划法

非线性规划法是用来解决约束条件和目标函数中部分或全部存在非线性函数的有关问题。现实世界中,许多实际问题,包括水资源规划、管理的决策问题,多属于非线性规划问题,多集中于20世纪80年代后期。非线性规划问题没有一个通用的解法,只能针对不同的非线性规划问题,采用不同的优化技术,以求节省存储量及计算时间。刘肇伟、郭宗楼针对长藤结瓜式灌溉系统,建立了非线性优化规划模型,并在此基础上建立了条件机遇约束模型;李寿声对江苏徐州地区的欢口灌区建立了非线性规划模型,考虑了灌溉排水及多种水源联合调度,以确定农作物最优种植模式及各种水源的供水比例。

3.4.3 动态规划

它的数学模型和求解方法比较灵活,其实质是把原问题分成许多相互联系的子问题,而每个子问题是一个比原问题简单得多的优化问题,且在每一个子问题的求解中,均利用它的一个后部子问题的最优化结果,依次进行,最后一个子问题所得最优解,即为原问题的最优解。但是由于它的一个子问题,用一个模型,用一个求解方法,且求解技巧要求比较高,没有统一处理方法;状态变量维数不能太高,一般要求小于6,导致出现"维数灾"而难于求解。

3.4.4 模拟技术

水资源系统应用的模拟技术是指利用计算机模拟程序,进行仿造真实系统运动行为的试验,通过有计划地改变模拟模型的参数或结构,便可选择较好的系统结构和性能,从而确定真实系统的最优运行策略,20世纪90年代应用较广泛。面向可持续发展的水资源开发和管理系统的优化,由于考虑人口、资源、环境与经济的协调发展,因素多、涉及面广,因而可应用模拟技术进行求解,得到一般意义下的优化结果。在农业配水中,模拟技术可根据水文或气象预报模拟出灌区的供水和排水过程,制订出灌区调配水量计划以及洪水来临时的分洪和泄洪措施,此时灌溉模拟模型常以净效益年值作为响应值输出。经过多次模拟运行后,点绘出相应曲面上的最大净效益年值,从而求出最优管理运行方案。王蜀南、曾道先等采用数学模拟方法并以沱江为例,对中小河流水质规划的模型选择和参数估计进行了研究;郑梧森、顾颖用模拟方法计算灌区的灌水和排水过程;翁文斌等对安阳市地表水和地下水的联合调度中,建立了农业灌溉、城市需水量、农业需水量等七大物理模拟模块;程吉林采用模拟技术和正交设计对灌区进行优化规划;张超等以山西长治市为背景,建立动态模拟和优化控制模型,以确定水资源量的合理利用。

3.4.5　多目标决策技术

目标是指决策者的愿望或追求的方向与结果。在水资源开发利用中,如果只有一个目标来评价开发利用方案,称为单目标;如果需用几个目标,全面、公平地权衡开发方案的取舍时,所考虑的这些目标的集合,称为多目标。20 世纪 70 年代以来,水资源规划和管理的目标,从单一的求经济效益最大化转为同时考虑社会和环境要求的多目标上来。任何一个面向可持续发展的水资源开发与管理系统的目标至少有三个,即经济目标、社会目标和环境目标,要使这三个目标综合最佳,就是一个多目标决策问题。其目的是在不可公度而又相互矛盾的目标之间,经过权衡、协调,求得满意的解决途径。近年来,多目标优化决策技术在水资源配置与规划中更是广为应用,并取得了显著的成果。任高珊、李援农、吴冠宇等以区域经济发展与水环境保护相协调为目标,利用多目标遗传算法以绥德县为例进行水资源的优化配置,建立了绥德县水资源合理配置模型,得到了绥德县水资源合理配置方案。王铁良、袁鑫、芦晓峰等以系统工程的观点为指导,运用多目标规划理论,构建了湿地水资源合理分配的多目标规划模型,建立了 3 种配置方案进行比较。

3.4.6　大系统优化法

当水资源配置模型是一个规模庞大、结构复杂、影响因素众多的大系统时,可以采用大系统优化方法。大系统分解协调模型是目前较常用的一类大系统优化决策模型,其基本思想是先将复杂大系统依时间、空间或目标、用途等关系分解成相互独立的若干规模较小、结构相对简单的子系统,形成递阶层次结构模型;然后,采用现有的一般优化决策方法,对各子系统分别择优,实现各子系统的局部最优化;最后,根据系统总目标,修改和调整各子系统的输入和决策,使各子系统相互协调配合,实现整个大系统的全局最优。对于大系统优化一般采用分解—协调算法。分解是将大系统划分为相对独立的若干子系统,形成递阶结构形式,应用现有的优化方法实现各子系统的局部优化。协调是根据大系统的总目标,通过各级间协调关系,寻求整个大系统的最优化。

现有的"可持续发展的水资源配置模式"是统筹考虑社会目标、经济目标、生态目标等的多目标水资源配置模式(水资源配置模式是涉及多个用水部门,多种水源,多种配置要素的、复杂的庞大系统)的,因此现有的水资源配置问题是一种大系统、多目标优化决策问题。上述提到的近期多目标水资源规划与配置问题实际上都属于大系统、多目标问题,应采用大系统、多目标优化方法。

3.5　大系统、多目标优化的模型与概念

大多数工程和科学问题都属于大系统、多目标优化决策问题,系统庞大、存在多个彼此冲突的目标,得到这些问题的合理解,一直都是学术界和工程界关注的热点问题。与单目标问题不同,多目标优化的本质在于大多数情况下,某一目标的改善很可能引起其他目标性能的降低,同时使多个目标均达到最优是不可能的,只能在各目标之间进行权衡,寻求系统和问题的合理解。

3.5.1 多目标优化的数学模型及特点

解决含多目标和多约束的优化问题称为多目标优化问题。与单目标模型不同,多目标优化的目标函数为多个,构成一个向量的最优化问题,n 个目标函数、m 个约束条件的多目标优化模型可以表示为:

$$\left.\begin{array}{l} \mathrm{Opt}F(x) = [f_1(x),f_2(x),\cdots,f_n(x)]^{\mathrm{T}} \\ g_i(x) \leqslant b_i \quad (i=1,2,\cdots,m) \end{array}\right\} \qquad (3\text{-}2)$$

以上模型属于多目标优化数学模型,该模型具有这样 3 个特点:多目标性;目标之间是不可公度的;各目标可能是相互矛盾的。多目标性是多目标问题的基本特征,多目标优化实质上是一个向量优化问题。在单目标优化中,可以通过比较目标函数值的大小来确定可行解的优劣,而向量的比较问题是一个比较复杂的问题,需要界定多目标优化解的概念。

3.5.2 多目标优化数学模型的解

(1)设 $X \in R^m$ 是单目标优化模型的约束集,$f(x) \in R^n$ 是单目标优化时的向量目标函数,解 $x_1 \in X$,$x_2 \in X$,若

$$f(x_1) \leqslant f(x_2) \quad (k=1,2,\cdots,n) \qquad (3\text{-}3)$$

则称解 x_2 比 x_1 优越,表示为 $x_1 > x_2$。

(2)设 $X \in R^m$ 是多目标优化模型的约束集,$f(x) \in R^n$ 是多目标优化时的向量目标函数,若有解 $x_1 \in X$ 并且 x_1 比 X 中的所有其他解都优越,并且使所有目标都达到最优,则称解 x_1 是多目标优化模型的最优解。然而,解 x_1 使得所有的 $f(x_i)(i=1,2,\cdots,n)$ 都达到最优,实际当中是很难达到的。

多目标优化问题的最优解如图 3-2 所示。

(3)设 $X \in R^m$ 是多目标优化模型的约束集,$f(x) \in R^n$ 是多目标优化时的向量目标函数,若有解,$x_1 \in X$ 并且不存在比 x_1 更优越的解 x,则称 x_1 是多目标最优化模型的 Pareto 最优解。由此可知,多目标优化问题的 Pareto 最优解只是问题的一个可以接受的“非劣解”,并且一般多目标优化实际问题都存在多个 Pareto 最优解。

多目标优化问题的 Pareto 最优解如图 3-3 所示。

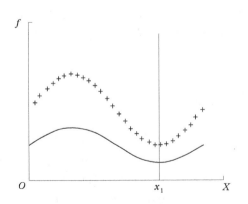

图 3-2　多目标优化问题的最优解

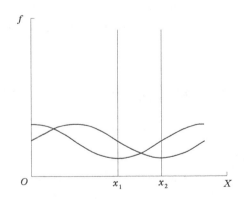

图 3-3　多目标优化问题的 Pareto 最优解

3.5.3　多目标优化的解法概述

多目标优化的解法主要有间接法和直接法两大类。而大多采用的是间接法,即根据问题的实际背景,在一定意义下将多目标问题转化为单目标问题来求解。

3.5.3.1　转化为一个单目标问题的方法

按照一定的方法将多目标问题转化为一个单目标问题,然后利用相应的方法求解单目标问题,将其最优解作为多目标问题的最优解。常用的方法有主要目标法、评价函数法等。

3.5.3.2　转化为多个单目标问题的方法

按照一定的方法将多目标问题转化为有序的多个单目标问题,然后依次求解这些单目标优化问题,将最后一个单目标问题的最优解作为多目标问题的最优解。这类方法包括分层序列法、重点目标法、分组序列法、可行方向法、交互规划法等。

3.5.3.3　目标规划法

对于每一个目标都给定了一定的目标值,要求在约束条件下目标函数尽可能逼近给定的目标值。常用的方法有目标点法、最小偏差法、分层目标规划法等。直接法针对优化本身,直接求出其有效解,目前只研究提出了几类特殊的多目标优化问题的直接解法,包括单变量多目标优化方法、线性多目标优化方法、可行域有限时的优序法以及多目标智能优化算法等。其中,多目标智能优化算法是通过模拟某一自然现象或过程而建立起来的,具有适于高度并行、自组织、自学习与自适应等特征,为解决复杂问题提供了一种新途径。这类算法包括进化算法(Evolutionary Algrithms,简写为 EA)、粒子群算法(Particle Swarm Optimization,简写为 PSO)、禁忌搜索(Tabu Search,简写为 TS)、分散搜索(Scatter Search,简写为 SS)、模拟退火(Simulate Anneal,简写为 SA)、人工免疫系统(Artificial Immune System,简写为 AIS)和蚁群算法(Ant Colony Optimization,简写为 ACO)等。

3.6　基于生态优先的水资源合理配置理论研究

3.6.1　区域生态环境—水资源—社会经济复杂系统概述

以往的水资源系统,研究的是如何对国民经济起到保障作用,即研究水资源量对国民经济的工农业生产和人民生活进行有效供应。随着经济的发展和人口的增加,用水量迅速增长,造成水资源短缺和水环境恶化的局面越来越严峻,人们逐渐认识到:水不仅是发展国民经济的重要物质资源,而且是自然生态赖以生存发展的生命要素和自然环境的重要因子。人们对如何利用水资源必须有一个清醒的认识:不仅要研究水资源数量上的合理分配,还应研究水资源质量的保护;不仅研究水资源对国民经济的效益和人类生存的需要,还应研究水资源对人类生存环境或生态环境的支撑作用;不仅研究如何满足当今社会对水资源利用的权利,还应研究如何满足未来社会对水资源利用的权利。也就是说,水资源合理配置体系不仅应适合经济发展和人民生活的需求,还应尽可能地满足人类所依赖的生态环境对水资源的需求,以及未来社会对水资源的基本需求。衡量水资源开发与管理的效应,应该不仅仅是经济效益,而是经济、社会、生态环境效益的综合。因此,研究水资源系统,不能单纯地"就水论水",而应该把水资源和社会经济、环境生态结合起来研究,即组成"区域生态环境—水资源—社会经济"复合大系统,这是水问题研究的需要,也是水资源可持续利用、社会经济可持续发展的要求。故将基于生态环境系统的水资源合理配置研究的对象系统,界定在区域生态环境—水资源—社会经济复合系统上。该复合系统的一般组成结构及相互关系如图3-4所示。

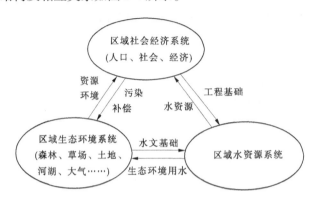

图 3-4　区域生态环境—水资源—社会经济复合系统结构

在这个复合系统中,生态环境、水资源、社会经济三大子系统相互作用与影响,构成了有机的整体。系统各部分的功能与关系描述如下:

(1)区域生态环境系统和水资源系统是区域社会经济系统赖以存在和发展的物质基础,它们为区域社会经济的发展提供持续不断的自然资源和环境资源。

(2)区域社会经济系统在发展的同时,一方面通过消耗资源和排放废物对生态环境和水资源进行污染破坏,降低它们的承载能力;另一方面又通过环境治理和水利投资对生态环境和水资源进行恢复补偿,以提高它们的承载能力。

(3)区域水资源系统在生态环境系统和社会经济系统之间起纽带作用。它置身于生态环境系统之中,是组成和影响生态环境的重要因子。同时它又是自然和人工的复合系统,一方面靠流域水文循环过程产生其物质性;另一方面靠水利工程设施实现其资源性。从水资源利用的可持续性上能够直接反映出人与自然的协调关系。

(4)在区域这个复合系统中,任何一个系统出现问题都会危及另外两个系统的发展,而且问题会通过反馈作用加以放大和扩展,最终导致复合大系统的衰退。比如,区域生态环境系统遭到破坏,必然会影响或改变区域的小气候和水文循环状况,使得区域洪灾增加、水环境污染、水利设施损坏、可利用水资源量减少,最终将阻碍社会经济的发展。而社会经济发展的迟缓必然会减少环境治理和水利部门的投资,使生态环境问题和水资源问题得不到解决。这些问题将会随着人口和排污的增加变得更加严重,并进一步影响到社会经济的发展,造成恶性循环的局面。

因此,保护生态环境、合理开发与合理配置水资源是实现复合系统可持续发展的关键性因素。"区域生态环境—水资源—社会经济"复合大系统,与传统的水资源系统的主要不同,在于它以生态经济系统为依托,以可持续发展理论为指导,实现水资源的永续利用及区域社会、经济、环境的协调发展;而传统的水资源系统主要作为工程技术系统,忽视生态系统,单纯为经济目标服务。

3.6.2　基于生态优先的水资源合理配置基本概念

通过以上对"区域生态环境—水资源—社会经济"复合大系统的描述,在可持续水资源配置模式的指导下,本书试图从生态环境需水量优先配置角度升华可持续水资源配置模式,称为"基于生态优先的水资源合理配置理论与方法"。并进一步在概念、内涵、模型的构建与应用方面进行深入探讨和研究,是对可持续发展水资源配置模式的补充与完善。

水资源合理配置结果对整个复合大系统来说,其总体效益是最合理的。基于生态优先的水资源合理配置是从维系生态系统良性运行的角度来考虑水资源的分配问题,在配水过程中,在生态环境系统和经济系统层面上将生态环境需水量置于非常重要的位置,尤其是在我国西北干旱和半干旱地区,生态系统十分脆弱,水在生态系统中起控制性作用,生态环境需水量的满足程度,直接影响生态系统的功能与价值,也间接影响着人类的生活环境和社会经济的可持续发展。因此,本书认为,在进行水资源配置前,必须对研究区的生态环境需水量进行合理的估算,将生态环境效益纳入水资源配置的总效益中去,同时要对水资源配置的生态效应和水文效应进行分析预测,并反馈到水配置决策部门,以便对水资源配置方案进行修正,最后得到最优或最合理的水资源配置方案。

3.6.3　基于生态优先的水资源合理配置的特征

基于生态优先的水资源合理配置除了具有一般资源配置以及传统的可持续发展水资源配置的特征,考虑区域特点还具有其本身的一些特点:

(1)水作为自然界所有生物体生命的基本保障,每个生命个体有均等的获取水的权利,应强调社会各经济部门和社会各群体之间水资源配置的平衡、协调,即水资源配置的公平性原则。

(2)水资源的有限性特征、多属性特征以及生态经济复杂系统特征,都表明资源配置的原则和方法不能等同于一般自然资源的配置,它必须考虑自然生态系统、人类社会和水资源技术系统之间的协调。从本质上说,水资源合理配置的目标是要妥善处理"区域生态环境—水资源—社会经济"这一复杂的综合系统在其发展演变过程中与水资源系统相互依存和相互制约的关系。

(3)对于水资源缺乏的干旱地区,水资源合理配置必须要具有一定的优先次序和层次性。本书认为基于生态系统的水资源合理配置应依次满足以下四个层次的要求:

①生态环境保障层次,努力满足生态环境的用水需求,将生态环境需水量置于更高的层次,逐步减少经济社会对生态环境的用水挤占,不断改善自然生态和美化生活环境,努力建设和实现人与自然的和谐与协调,真正将可持续发展的水资源配置模式落到实处。

②饮水保障层次,即要满足城乡居民的生活用水要求,为城乡居民提供安全、清洁的饮用水,改善公共设施和生活条件,逐步提高生活质量。

③经济发展层次,在水的质和量上不断满足经济发展和社会进步的需要,保障经济快速、持续和健康发展。

④农业用水供给层次,通过水资源合理配置要基本满足粮食生产对水的要求,改善农业生产条件,为我国粮食安全提供水利保障。

这四个层次并不是截然分开、各为一体的,而是相互穿插、可以跨越的。在进行水资源合理配置时,应该将这四个层次统筹考虑,并因地、因时制宜,最大范围和程度上满足各个层次的目标。

3.6.4　基于生态优先的宁夏中南部干旱区域水资源合理配置模式构建

宁夏中南部干旱区域(黄土高塬丘陵沟壑区)水资源的稀缺性、不可替代性和时空分布的不均衡性是制约其经济和社会发展的主要因素。因此,水资源的合理配置必须遵循以下原则。

3.6.4.1　居民生活需水量、生态环境需水量优先配置

水资源合理配置的用户大致上可分为三类,即居民生活、生态环境、工农业生产,而水资源就是在这三类之间进行合理分配的。首先,水资源合理配置要坚持以人为本,将解决和保障城乡居民生活用水、提高生活质量放在首要位置,宁夏中南部干旱区域是国家重点扶贫区,区域内居民生活水平较低、人畜饮水困难,严重影响着社会的和谐和社会经济的持续发展。因此,对于该地区水资源合理配置要把确保群众生活用水放在首要位置,千方百计保证城乡居民生活用水。其次,生态环境系统提供了人类赖以生存的物质基础,在整个水资源复合大系统中处于非常重要的位置,然而宁夏中南部干旱区域由于水资源的极度贫乏以及人类掠夺式的开发,导致生态环境不断恶化,也是过去传统水资源配置所造成的严重后果,因此为确保生态环境的良性循环,在分配水量时应对生态环境需水量给予优先保证。最后,保证适量的社会经济用水将会促进整个社会的快速稳定发展,但生产用水任何时期都不能挤占同期的生活用水和生态环境用水。社会经济用水即工、农业用水之间也要根据区域特点遵循一定的先后分配次序,从宏观上看,研究区域干旱缺水,水是制约工业发展的重要因素之一,但区域工业发展用水所占比例很小,而当前仅有的工业又是支撑和促进研究区域整个经济社会发展的重要部门,因此保证合理的工业用水,将会促进区域工业发展,进而带动整个宁夏经济社会的快速发展。受水区域农业需水量所占比例是极大的,发展节水灌溉技术,同时充分考虑利用"受水区域雨洪集蓄工程"蓄积的雨水作为灌溉水源,保证最低的节水灌溉需水量,促进区域农业种植结构,乃至区域产业结构调整的可行性。因此,对于受水区域这样一个干旱缺水的地区,在保证城乡居民生活用水的前提下,最大限度地满足人类赖以生存的生态环境需水量基础上,提供合理的工业需水量,农业需水量遵循"以供定需"的原则。

根据以上分析可知,基于生态优先的水资源合理配置隐含着两个层次,首先是人民生活、生态环境与社会经济部门之间的配置,其次是社会经济部门之间的配置。

3.6.4.2　建立效应反馈机制

保障生态优先的水资源配置能够落到实处,真正实现社会经济、生态环境的和谐发展,必须要考虑水资源分配的生态效应,要将这种分析结果反馈到水资源配置决策部门,作为调整配置方案的依据。

3.6.4.3　公平性原则

生态优先的水资源合理配置同任何其他水资源配置一样,都要遵循公平性原则,即要求满足不同子区间及同一子区间的不同用户类型间、社会各阶层中利益公平进行水资源的公平合理分配,保证子区间及用户之间的协调发展。

根据以上理论分析,建立了生态优先的水资源合理配置的理论框架,把水资源配置放在生态环境这个大系统中去研究,既考虑了生态环境与社会经济需水量之间的关系,又考虑了生态系统对水资源配置的效应反馈,如图 3-5 所示。

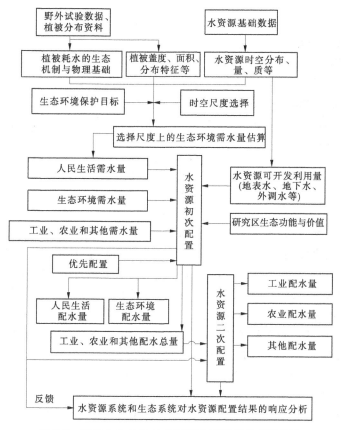

图 3-5　基于生态优先的水资源合理配置的理论框架

3.7　基于生态优先的水资源合理配置数学模型

数学模型是由数字、字母或其他数学符号组成的,用以描述现实研究对象内在规律的数学公式或算法。具体可以描述为:对于一个特定对象,为了某一特定目的,根据特有的内在规律,做出一些必要的简化假设,运用合适的数学工具,得到的一个数学表达式。生态系统水资源合理配置数学模型是建立于生态系统健康、良性发展基础上的。

3.7.1　基于生态优先的水资源合理配置目标度量

生态优先的水资源合理配置目标是生态环境、社会、经济的综合效益达到最佳,并保持整个复合系统的良性循环以及可持续发展,依据水资源合理配置的基本原则,本书认为生态优先的水资源合理配置的目标度量可有以下几种表达。

3.7.1.1　综合效益最大的目标度量

只考虑用水在经济、社会和生态环境等方面所产生的效益,不考虑用水在地域间和不

同部门间的公平分配,则用水目标是以其效益最大为基本目标度量值,可表示为:

$$
\left.
\begin{array}{r}
\max \sum f_i(x) \\
g_i(x) < 0 \\
x \geqslant 0
\end{array}
\right\}
\qquad (3-4)
$$

式中　x——决策变量;

　　　f——效益函数关系;

　　　g——约束条件。

3.7.1.2　效益优先,兼顾公平的目标度量

如果在考虑综合效益的同时,考虑用水在地域间和不同部门间的公平分配,则基本目标度量值可表示为:

$$
\left.
\begin{array}{r}
\max \sum r_i f_i(x) \\
g_i(x) < 0 \\
x \geqslant 0
\end{array}
\right\}
\qquad (3-5)
$$

其中 r_i 为公平系数或公平性权重,并且有 $r_{贫穷地区} > r_{富裕地区}$、$r_{低收入部门} > r_{高收入部门}$。代际间的水资源利用公平性实际上是可持续原则的体现,它要求不同时代的水资源利用权利及其效益维持不衰减,尽管各用水户的用水量及其相关系数可以随时间变化,其产生的综合效益值也有很大差别,但后一代人的总用水效益不应小于前一代人的总用水效益,才能保持可持续发展的基本要求。即 $\left[\max \sum r_i f_i(x)\right]_{i+1} \geqslant \left[\max \sum r_i f_i(x)\right]_i$。

事实上,在实际的水资源配置中,社会效益和环境效益是很难定量的,其模型的可操作性也较差。因此,问题的关键是建立水资源合理配置的生态价值观,如果每一个地区、每一个时代人类在开发利用和分配水资源的同时,都能考虑生态环境的利益,考虑水文系统的变化,建立协调的人与自然关系,那么我们的水资源开发利用和配置自然就是可持续的,社会经济发展也就是可持续的。我们不能把可持续建立在许多未来不确定的因素上,而是要立足现实,建立基于生态优先的水资源合理配置模式。

3.7.2　基于生态优先的水资源合理配置数学模型的一般形式

3.7.2.1　数学模型的一般形式

生态优先的水资源的合理配置是从生态系统的角度出发,综合考虑水资源的配置,但由于水文生态系统的复杂性,水资源的配置也就显得极其复杂。为了便于实际问题的概化,使建模工作简化,应该对水资源配置系统作以下假设。

(1)除水资源之外的其他生产要素都得到满足;

(2)水资源的勘测、规划、开发、利用与管理中投入的费用是理性的,满足水资源合理配置、高效利用的宏观目标要求;

(3)计算水资源在经济活动中产生的净效益时,所有生产要素成本均已扣除;

(4)生态环境价值主要是指生态环境的服务功能价值,且与水无关的部分已经扣除;

(5)只考虑需水量配置。

在以上假设的基础上,建立经济目标、社会目标、生态环境目标的水资源合理配置多目标模型。根据水资源合理配置目标的识别与度量分析,水资源合理配置是多目标优化

问题,其目标是追求经济、社会、环境的综合效益最大化,并力图保持复合大系统的良性发展。生态优先的水资源合理配置在保证生活需水量的前提下,最大限度地满足人类赖以生存的生态环境需水量的基础上,适应经济社会发展的需求,并同时考虑未来社会对水资源的基本需求。该模型将生活用水效益和生态环境用水效益纳入总效益中去,并赋予较高的效益系数和优先用水的次序系数,真正实现生态优先的水资源合理配置模式。同其他的优化模型一样,生态优先的水资源合理配置模式的一般形式如下:

$$\left. \begin{array}{l} Z = \max[f_1(x), f_2(x), f_3(x)] \\ g_i(x) \leq 0 \\ x \geq 0 \end{array} \right\} \tag{3-6}$$

其中,$f_1(x)$、$f_2(x)$、$f_3(x)$ 分别为环境目标、社会目标、经济目标三个方面,$g(x)$ 为约束条件集。

根据区域的地形地貌、水利条件、行政区划,一般可将区域划分为若干个子区。区域内的水源,根据其供水范围可以划分成两类:公共水源和独立水源。所谓公共水源是指能同时向两个或两个以上的子区供水的水源。独立水源是指只能给水源所在地一个子区供水的水源。设区域划分为 K 个子区,子区 $(1,2,3,\cdots,K)$。区域内有 M 个公共水源,公共水源 $(c=1,2,3,\cdots,M)$;k 个子区有 $I(k)$ 个独立水源、$J(k)$ 个用水部门。公共水源 c 分配到 k 个子区的水量用 D 来表示,其水量和独立水源一样,需要在各用户之间分配。因此,对于 k 个子区而言,是 $I(k) + M$ 个水源和 $J(k)$ 个用户的水资源合理分配问题。

3.7.2.2 模型的特点及功能

1. 模型的特点

由上述目标函数和约束条件组合在一起就构成了水资源合理配置模型。该模型是一个十分复杂的、多目标、多水源、多用户的优化模型,具有以下特点。

1)多目标

模型中设置了社会、经济、环境三方面综合效益最大的三个目标,经济目标是求极大值,环境目标和社会目标是求极小值。各目标之间的权益是相互矛盾、相互竞争的。

2)大系统多关联

模型中存在多子区、多水源、多用户、多维决策变量,不仅模型规模比较大,而且多关联、多约束。

3)非线性

如模型中的协调发展约束为非线性。

2. 模型的功能

(1)在既定水资源分配系统和社会经济系统的条件下,能实现区域的社会、经济、生态环境综合效益最大,并可得到相应的水资源分配方案。

(2)可以得到区域规划水平年的重要污染物排放量或者维持生态系统平衡的生态环境需水量值,为生态环境保护提供决策依据。

(3)可以得到整个区域、各个子区及各用户的缺水程度,通过供需水量平衡分析,结合区域的具体情况,提出解决区域供需水量矛盾的途径与措施。

3.8 小 结

（1）通过对几种水资源合理配置模式的辨析，认为可持续发展的水资源配置理论及模式适应当前及未来社会经济发展、生态环境建设的需求。

（2）通过对比可持续发展的水资源合理配置代表性定义和内涵，认为一个完整的可持续发展的水资源合理配置所包含的内容有：①水资源配置要有明确的限定范围，须在一定的流域或区域内。②多种水源参与配置：当地地表水、地下水、外调水、回用水等；③水资源配置须遵守一定的分配原则，而具体的配置原则需根据区域特点以及配置目的来确定；④水资源配置的措施包括工程措施和非工程措施，以改变水资源的天然时空分布，实现水资源的高效利用；⑤实行水资源配置的区域内，有多个用水部门：生活、农业、工业、生态等；⑥水资源配置系统的功能是综合的、多目标的：经济目标、社会目标、生态目标都要兼顾；⑦水资源合理配置系统的状态应是动态变化的，要考虑社会发展、技术水平进步、社会可持续发展要求等；⑧生态环境用水应与国民经济生产用水一样，是需水量结构中的重要组成部分，并且在干旱缺水地区，生态环境需水量还需优先考虑。

（3）在区域可持续发展的水资源合理配置概念和内涵辨析的基础上，对可持续发展的水资源合理配置的基本要素、目标、配置属性、配置机制等基本理论进行了研究。进而对大系统、多目标优化的数学模型的建立及解法进行了探析。

（4）在可持续发展的水资源合理配置基本理论研究的基础上，提出了生态优先的水资源配置理论框架，将水资源合理配置置于生态环境这个大系统中去考虑，完善了区域水资源合理配置理论体系。把生态环境需水量置于非常重要的位置，同时考虑到不同配置方式对生态环境的效应，以及这些效应反过来对水资源合理配置的影响，使得可持续发展的水资源合理配置能够落到实处。

（5）研究了基于生态优先的水资源合理配置理论框架，建立了生态优先的水资源合理配置数学模型。该模型将生活用水效益和生态环境用水效益纳入总效益中去，这些效益大部分属于社会效益的范畴，真正实现生态优先的水资源合理配置模式。

第4章　干旱区域社会经济需水量预测研究

　　水资源合理配置的根本任务是解决水资源供需不平衡问题,使得有限的水资源在各用水部门间合理分配,最终实现经济社会与生态环境的健康、协调、良性发展。因此,基于社会经济发展,进行需水量预测是水资源合理配置的前提,也是水资源合理配置的必要内容。一方面,由于人口增长、生产发展、生活质量不断提高及维护健康的生态环境,是影响需水量变化的关键性驱动因素,在进行生活、生产需水量预测时,必须坚持协调发展和可持续利用原则。另一方面,经济社会发展要与水资源承载能力相适应,城市发展、生产力布局、产业结构调整以及生态环境建设要充分考虑水资源条件。

　　需水量预测主要是根据行业用水量的历史资料与国民经济发展规划,考虑现实条件与环境的变化,运用合适的技术与方法,对未来需水量进行预测。需水量预测作为水资源配置的前提和基础,反映了区域社会、经济发展对水资源的需求态势。当进行需水量预测时,先要根据区域的具体情况,通过比较预测方法的应用范围和条件,再根据实际情况和获取资料的完备性,选择适合研究区域的方法或者是几种方法的组合建立需水量预测模型,以得到科学的、有效的预测结果。

4.1　干旱区域需水量预测的国内外研究进展

4.1.1　国外需水量预测研究进展

　　国外需水量预测研究开始于100多年前的美国。内战结束后的美国,在城市重建以及随后快速的工业化进程中建设了很多城市供水系统,其中大部分是服务于居民的,这些供水系统中的一些甚至超前考虑到未来用水发展的需要。1968年,美国完成了全国第一次水资源调查评价工作,预测并提出了1968～2020年全国的水资源需求量。1978年,美国开始了全国第二次水资源调查评价,并重新对各类水资源需求进行预测。日本、法国、英国、加拿大、荷兰等国从20世纪60年代开始也逐步开展了需水量预测研究,并将其作为水资源宏观管理的手段。1977年,联合国世界水会议号召世界各国进行专门的国家级水资源调查评价工作。1987年和1992年,联合国世界环境与发展委员会(WCED)先后出版了《我们共同的未来》和《21世纪议程》,使水资源开发管理开始围绕面向未来的可持续发展问题展开,推动了需水量预测研究向更深层次进行。与此同时,世界各国也陆续开展了国内中长期供需水量预测工作,并对水资源管理政策提出相应要求。1992年6月,联合国召开的环境与发展大会的文件中提出:应该由国家制订国家水资源规划,组织研究信息化、数据化和模型化等现代水资源管理方法,通过需求管理、价格机制等调控措施实现水资源的合理配置。此后,在2000年,联合国发展计划署(The United Nations Development Programme,简写为UNDP)将水资源管理活动认定为"21世纪最紧迫的环境问题"。为解决水资源危机问题,联合国组织发起了"世界水资源评估项目",明确提出:每一个人都有利用清洁卫生的水资源的基本需求,应采用较为公平的方法配置水资源,确保充足的水资源供应,以满足地区工业、能源和人道主义等方面对水资源的需求。20世纪,人们对需水量预测研究更多地集中于必要性及政策方面的研究。进入21世纪以后,国外需水量预测工作主要集中于各类需水量预测方法的研究与对比方面,使各类预测方法日趋完善。

4.1.2 国内需水量预测研究进展

中华人民共和国成立以来,为了满足国民经济发展和人民生活用水的需要,我国也逐步开展了需水量预测研究工作。从20世纪70年代开始,我国部分地区、部分行业开始意识到水资源短缺问题。改革开放使得国民经济迅速发展,工业用水急剧增加,城市化迅速发展,城镇居民生活用水也大幅增加,社会用水矛盾日益尖锐,需水量预测工作的重要性与必要性逐渐凸现,需水量预测理论和方法研究广泛而深入地进行。我国第六个五年计划(简称"六五")中对水资源评价做了大量的基础性工作,比较科学、全面地对水资源数量、质量和特点做了评价,并建立了大量水文水资源观测站点,为需水量预测研究工作的开展奠定了坚实的基础。我国第七个五年计划(简称"七五")中探讨了包气带水分运移规律,分析了降雨入渗补给机制和变化规律,研究了农田蒸散发和潜水蒸发规律、计算方法等,使得农业需水量预测工作机制更明朗。我国第八个五年计划(简称"八五")攻关中,建立了流域(区域)水资源优化配置理论,定性地揭示了水资源系统、宏观经济系统和水环境水生态系统间相互联系的规律,对华北地区开发了宏观经济模型,并进行需水量预测。我国第九个五年计划(简称"九五")攻关是基于二元水循环模式和面向生态的水资源配置研究,探讨了水资源承载能力、生态环境需水量和生态保护准则等,定性研究了社会经济转型过程中水资源供给和需求变化的规律。我国第十个五年计划(简称"十五")科技攻关重大项目"水安全保障技术研究",提出面向全属性功能的流域水资源概念,致力于实时调度的水资源配置与调控。我国第十一个五年计划(简称"十一五")攻关则致力于基于蒸发蒸腾(Evapo Transpiration,简称ET)的水资源整体配置,从水循环角度分析考虑了水资源利用的供、用、耗、排过程。

进入21世纪以来,我国在需水量预测方法的研究方面更是做了大量的研究工作。2001年,张雅军等针对回归分析法、指标法、灰色预测法、人工神经网络法、系统动力学法等预测方法的优缺点及适用条件,以及预测过程中的择优问题进行了探讨。2002年,傅金祥等对水资源长期需水量预测结果与实际情况存在较大误差进行了深入的分析。同年,陈红莉等提出了我国西北地区水资源合理开发利用的方向及需水量预测。2007年,贺丽媛等系统研究了水资源需求预测方法,同时提出今后水资源需求预测的发展趋势。2008年,胡彩虹等探讨需水量定额与经济社会关系的影响关系,并以郑州市为例对2010年、2020年和2030年的工业、农业和生活的需水量进行了预测。2008年,张先起针对云南省现状情况,采用区域社会经济发展规划和趋势外延法,提出了3个规划水平年生活需水量、农业需水量、工业需水量以及供水量的预测结果。同年,国家编制了《水资源供需预测分析技术规范》(SL 429—2008),进一步提高了水资源需水量预测的规范性。2010年,达娃根据西藏近几年的用水情况,采用灰色模型对其2010年、2020年不同时期需水量情况进行了预测。同年,杜涛等基于灰色系统理论,运用几种方法弱化原始需水量数据,进行对比分析,并以重庆市北碚区为例验证了需水量预测的可行性及有效性。2011 年,孙增峰等以哈尔滨需水量预测为例,根据其各自特点得出在城市规划中通常采用人均综合用水量指标法、分类用水指标法和年增长率法进行需水量预测。2011 年,蒋剑勇等运用多种预测方法的组合预测,采用 BP 神经网络法、人均综合用水量法对台州市 2020 年、2030年总需水量进行了预测。同年,刘卫林针对需水量预测非线性输入/输出特性,提出了需水量预测的 LS – SVM 模型,以 K – fold 交叉验证法确定 LS – SVM 模型参数,并将该模型应用于河北省南水北调受水区域需水量预测中,并与 BP 神经网络模型以及多元回归模型的拟合、预测结果进行了对比分析,LS – SVM 模型的拟合精度低于 BP 神经网络模型。总之,进入 21 世纪以来,各种需水量预测方法如雨后春笋般应运而生,但是针对各研究区域实际情况,究竟采用哪种预测方法仍然需要研究者们仔细斟酌。

4.1.3　需水量预测研究存在的问题及展望

需水量预测,尤其是长期需水量预测,在理论基础、方法、假设以及应用的数据等方面都遭到了批评,有学者对几十年前所做的需水量预测和目前实际情况进行对比后指出,需水量预测无论采用何种预测方法及怎样的时间尺度,与实际情况总是不符合。受到这种批评与质疑的不仅是水资源需求预测,其他的需求预测(如能源等)也不例外,这主要是受制于预测本身的局限性。究其原因,归纳起来主要是以下几个方面。

4.1.3.1　资料的误差

从已有的统计和试验资料来看,由于人们认识能力、测试手段的限制,获取的信息或者精度不高或者残缺不全。比如,对自取水源用水户或自备水源取水量的统计,由于种种原因,调查所得的结果和实际取水量之间往往有较大误差。预测方法基本上都是建立在历史数据的基础上的,由于某些数据统计机构的不健全,资料有时候难免会出现遗漏或者误差,所以预测结果出现误差也在所难免。

4.1.3.2　用水量的 S 形增长

水资源需求变化的阶段特征与社会经济发展阶段特征是紧密联系的。对于一个国家或地区而言,水资源需求长期变化趋势呈斜 S 形。刘昌明把水资源需求变化过程粗略地划分为:不稳定增长、快速增长、缓慢增长和零增长或负增长等四个阶段。要正确认识水资源的阶段性,要充分认识一个国家或地区所处的水资源需求的阶段,分析该阶段水资源需求的特点,把握趋势变化规律。袁宝招研究表明,水资源对区域经济发展的影响具有阶段性。影响水资源需求的因素主要包括:水资源的禀赋、国民经济发展及产业结构和宏观布局、工农业用水与生态环境用水的竞争机制、政府的政策导向和宏观调控能力、水市场的准入机制和水价政策等宏观因素;供水工程建设、节水措施与工程技术手段、节水的投入与产出、水价与水资源管理水平、需水量机制与用水方式等微观因素。随着科技水平的提高、节水措施的普及、经济结构的变化,各行业用水定额不会一直增加,这一点国外一些地方用水零增长、负增长的实例已向我们证实。

4.1.3.3　采用的方法都具有一定的局限性

局限性主要体现为以下几方面:一是预测过程中的参数难以描述用水结构的变化。

二是用水水平变化特点难以准确把握,除农业灌溉需水量定额采用灌溉制度分析进行预测以外,工业、生活指标和定额基本上靠趋势外延进行估计,其误差较大。三是对经济发展和用水需求的客观规律认识可能存在误区,认为随着经济的发展,用水量必然不断增加,实际上随着经济的发展、科技水平的提高、经济结构的变化、防治污染管理及技术的提高和水价的改革,用水量会出现零增长甚至负增长的趋势,发达国家近二三十年的实际用水已经证明了这一点,已有的预测方法并未理想地解决这一问题。由于实际操作过程中的需水量预测涉及经济、社会人口、政策、环境、生态等各方面因素的影响,单一地采用一些数学手段只能反映出某种几何增长过程,预测结果会与实际用水量有差别。

4.1.3.4 对水资源实际供给能力考虑不够

供需应综合进行考虑,当需水量接近或者超过现有的供给能力后,用水量会极大地受限于实际所能提供的水量。国外许多地方都是在公开供水能力的前提下进行需水量预测的,如果进行无约束的需水量预测,必然造成预测结果不合理。脱离了本国、本地区的供水能力,无约束的需水量预测违背了预测的基本规律,必然会造成预测值不可信,如某省在规划中预测的2020年需水量达到了该地区多年平均水资源量的92%,这显然是不可能的。

4.1.3.5 社会经济用水系统的复杂性

经济社会发展充满各种不确定性,如GDP增长、人口增长、科技进步、生态环境变化,以及这些发展对人类社会发展的相互作用等,都表现出一定的规律性与偶然性,导致节水、水工程投资等方面都存在不确定性,如此需水量预测必然也产生不确定性。水资源系统和宏观经济系统都存在大量的不确定性因素,包括水文的随机性、经济社会发展的不确定性等。针对这些不确定性因素,应在需水量预测中专门进行分析,以增强需水量预测结果的科学性和可信度。水是基础性的自然资源、战略性的经济资源和公共性的社会资源,水资源的可持续利用直接关系到和谐社会的建设。需水量预测要以科学发展观为导向,既要保障防洪安全、供水安全、粮食安全,还要适应水资源管理要求,保障水生态安全,为和谐社会的建设提供支撑和保障,促进社会、经济和环境的协调发展。需水量预测是水资源配置的基础,是确定各地水权的重要依据。需水量预测涉及国民经济和社会发展的方方面面。科学合理的需水量预测成果不是仅仅靠少数设计人员的力量就能得出的,也不是水利一个部门就能够单独完成的。不仅预测方法要科学,更需要各部门大量可靠的、与用水有关的历史数据为支撑,需要社会各方面给予关注与协作,并提供可靠、合理的数据,才能保证需水量预测成果的合理性。

4.2 干旱区域社会经济需水量预测的分类

(1)根据需水量预测对象的不同,需水量预测可分为工业需水量预测、农业需水量预测、生活需水量预测、生态需水量预测。其中:①工业需水量预测可分为钢铁、纺织、火电等部门需水量预测;②农业需水量预测可分为农田灌溉需水量预测和林、牧、渔业需水量预测;③生活需水量预测可分为城镇生活需水量预测和农村生活需水量预测。

(2)根据需水量预测的性质,可以分为定性预测和定量预测。定性预测是建立在经验判断、逻辑思维和逻辑推理基础之上的,其主要的特点是利用直观的材料,依靠个人经验进行综合分析,对未来需水量状况进行预测。常用的定性预测方法有抽样调查法、主观频率法和类推法等。定量预测是指通过分析用水量各项因素、属性的数量关系,运用数学模型预测未来需水量的方法,其主要特点是根据历史数据找出内在规律、运用连贯性原则和类推性原则,通过数学运算对需水量未来状况进行预测。定性预测和定量预测并不是相互孤立的,在实际预测中,往往将两者结合起来,以提高预测的精度。

(3)根据需水量预测的目的和预测对象特点的不同,需水量预测可分为短期需水量预测和长期需水量预测。短期需水量预测一般是指为用水系统实施优化控制而进行的日预测和时预测,这种预测要求精度高、速度快;长期需水量预测一般是指以水资源规划为目的的年预测,要求预测周期长、考虑因素较多。

4.3 干旱区域生活需水量预测研究

生活用水虽然在水资源利用中所占的比例不大,但项目多、范围广、水质要求高,而且生活用水资料也不够准确,因此给预测带来一定的困难。目前,生活需水量预测主要采用用水定额法,对资料较全的区域采用回归分析法。以下对几种生活需水量预测方法分别介绍分析。

4.3.1 用水定额预测法

对居民区生活需水量的预测,可以用居民人口和国家规定的不同类型居民用水定额计算。公式为:

$$Q_{M_i} = 0.365 \times P_i M_i = 0.365 \times P_0 (1 + \varepsilon)^n M_i \tag{4-1}$$

式中 Q_{M_i}——预测水平年的居民需水量,万 m^3;

P_i——预测水平年城镇总人口,万人;

P_0——现状城镇总人口,万人;

ε——城镇人口年增长率;

M_i——用水定额,L/(人·d);

n——预测年数。

对服务行业及公共设施需水量预测,可根据本行业的特点,分析选用有关用水定额,并结合服务工作量来预测。例如,对宾馆、旅社、医院等用水单位,预测公式为:

$$Q_{f_i} = K_{p_i} V_c / 1\ 000 \tag{4-2}$$

式中 Q_{f_i}——预测水平年服务行业及公共设施需水量,万 m^3;

K_{p_i}——预测水平年接待人口,万人;

V_c——人均床位用水定额,L/(人·d)。

Q_{m_i} 与 Q_{f_i} 之和即为城镇生活总需水量。两式中的用水定额可根据本地区统计测算的数据,并结合以后的生活条件的改善等情况制订,也可参考其他国家及地区的用水标准制订。

4.3.2 回归分析预测法

回归分析预测法是通过回归分析,寻找预测对象与影响因素之间的因果关系,建立回归模型进行预测,而且在系统发生较大变化时,也可以根据相应变化因素修正预测值,同时对预测值的误差也有一个大体的把握,因此适用于长期预测。而对于短期预测,由于用水量数据波动性很大、影响因素复杂,且影响因素未来值的准确预测困难,故不宜采用。该方法是通过自变量(影响因素)来预测响应变量(预测对象)的,自变量的选取及自变量预测值的准确性至关重要。按变量间的关系划分,回归可分为线性回归和非线性回归;按变量的数量划分,回归可分为一元回归和多元回归。此回归分析预测中引入的自变量应适当,过多的自变量会使计算量增加、模型稳定性退化,不可靠的自变量会使预测值的误差增大。

一般地讲,随着时间的推移和人口的增长,城镇生活用水也将增加。因此,利用调查或统计的历年城镇生活新需水量,以及人口变化等资料,可以用回归分析的方法建立城镇生活需水量预测模型。

一元线性回归数学模型为:

$$Q_s = a + bx \tag{4-3}$$

式中　Q_s——预测水平年 i 的居民需水量,万 m^3;

　　　a、b——待定系数,可用最小二乘法原则确定;

　　　x——人口或其他影响因素。

当通过观察和分析,发现城镇生活需水量与影响因素之间的关系为非线性关系时,可根据假定的非线性关系式,通过数学变换,将其转化为线性关系,再利用线性回归的方法确定回归模型。

4.3.3 综合分析定额预测法

居民生活需水量在一定范围之内,其增长速度是比较有规律的,可以用综合分析定额预测法推求未来需水量。

综合分析定额预测法又称为指标分析法,是通过对用水系统历史数据的综合分析,制定出各种综合用水定额,然后根据综合用水定额和长期服务人口计算出远期的需水量。该方法与回归分析有很多相似之处,在一定意义上,它等效于以服务人口为自变量的一元回归,用水定额相当于回归系数。所不同的是,回归分析具有针对性,而用水定额具有通用性,与回归分析相比,它的工作量要小得多,但是由于用水定额的通用性,对特殊城市或地区进行需水量预测,会造成很大的误差。

综合分析定额预测法考虑的因素是用水人口和需水量定额。用水人口以计划部门预测数为准,需水量定额以现状用水调查数据为基础,分析历年变化情况,考虑不同水平年城镇居民生活水平的改善及提高程度、工业化程度、水资源现状和管理技术等因素,拟定其相应的用水定额。计算公式为:

$$Q_s = 0.365 \times P_i M_i = 0.365 \times P_0 (1 + \varepsilon)^n M_i \tag{4-4}$$

式中　Q_s——预测水平年的居民需水量,万 m^3;

P_i——预测水平年城镇总人口,万人;

ε——城镇人口年增长率;

P_0——现状城镇总人口,万人;

M_i——用水定额,L/(人·d)。

农村生活需水量中农村人口需水量预测与居民生活需水量预测相似。农村牲畜需水量,在预测过程中,一般按大小牲畜的数量与用水定额进行计算,或折算成标准差后进行计算。

4.4　干旱区域农业需水量预测研究

4.4.1　农田灌溉需水量预测方法

4.4.1.1　农田灌溉理论需水量预测方法

农田灌溉需水量是指包括各种农作物组成和由于灌溉水由水源经各级渠道输送到田间,有渠系输水损失和田间灌水损失在内的毛灌溉用水量。采用下式计算:

$$W_G = \sum_{i=1}^{n} I_{N_i} A_i / \eta_g \tag{4-5}$$

式中　W_G——农田毛灌溉水量,m^3;

I_{N_i}——第 i 种作物净灌溉定额,m^3/亩;

A_i——第 i 种作物种植面积,亩;

η_g——灌溉水利用效率。

1. 农田净灌溉定额

农田净灌溉需水量 I_N 是采用大田的水量平衡原理进行计算的,该平衡方程式为:

$$I_N = f(ET, P_e, G_e, \Delta W) \tag{4-6}$$

对于旱田:　　　　$I_{N_i} = (ET_{c_i} - P_e - G_{e_i} + \Delta W) \times 0.667$

对于水稻:　　　　$I_N = (ET_c - F_d - M_0 - P_e) \times 0.667$

式中　ET_{c_i}——i 作物的逐月需水量,mm;

ΔW——生育期内逐月始末土壤储水量的变化值,mm;

P_e——作物生育期内逐月的有效降雨量,mm;

G_{e_i}——i 种作物生育期内的逐月地下水补给量,mm;

F_d——稻田全生育期渗漏量,mm;

M_0——插秧前的泡田定额,mm。

2. 作物需水量的确定

作物需水量是指作物在适宜的土壤水分和肥力水平下,经过正常生长发育,获得高产时的植株蒸腾、棵间蒸发以及构成植株体的水量之和。

影响作物蒸腾过程和棵间蒸发过程的因子都会对作物需水量产生影响。因此,影响作物需水量的因素有很多,其中包括气象因子、作物因子、土壤水分状况、耕作栽培措施及灌溉方式等。由于影响作物需水量的因素多,作物需水量不可能用这些影响因素的某种线性或非线性的关系来准确地表达,对作物需水量的计算只能采用一些经验或半经验的公式来计算。目前估算作物需水量的方法有很多种,这些方法大致可以归结为以下三类:模系数法、直接计算法、参考作物法。

1)模系数法

这类方法的特点是首先利用"积温法"和"产量法"或其他形式的经验公式推求作物全生育期的总需水量,然后用阶段模比系数分配求各阶段的需水量,即:

$$ET_{c_i} = K_i \cdot ET_c / 100 \tag{4-7}$$

式中　ET_{c_i}——某生育阶段的作物需水量,mm 或 m³/亩;

　　　K_i——某生育阶段的需水量模数(%);

　　　ET_c——作物全生育期的总需水量,mm 或 m³/亩。

根据估算全生育期总需水量时所使用的自变量的差异,模系数法又分为产量法、水面蒸发量法、积温法、日照时数法、饱和差法和多因素法等。由于影响模系数的因素较多,如作物品种、气象条件,以及土、水、肥条件和生育阶段划分的不严格等,使同一生育阶段在不同年份内同品种作物的需水量模数并不稳定,而不同品种的作物需水量模系数则变幅更大。由于这类方法是通过多年平均模系数来计算某一具体年份各生育阶段的实际需水量,计算误差通常较大,使用的可靠性也经常受到质疑。

2)直接计算法

这类方法又称为经验公式法,此法是根据作物各生育阶段作物需水量及其主要影响因素实测成果,用回归分析方法建立作物需水量随影响因素变化的经验公式。用此经验公式直接计算作物各生育阶段的需水量,其中包括水汽扩散法、能量平衡法和综合法等。

3)参考作物法

这种方法是以高度一致、生长旺盛、完全覆盖地面而不缺水的绿色草地(8 ~ 15 cm)的蒸发蒸腾量作为计算各种具体作物需水量的参照。使用这一方法时,首先是计算参考作物的需水量(ET_0),然后利用作物系数(K_c)进行修正,最终得到某种具体作物的需水量。这类方法计算某一作物各生育阶段需水量的模式可采用下式表达:

$$ET_{c_i} = K_{c_i} \cdot ET_0 \tag{4-8}$$

其中

$$ET_0 = \frac{0.408 \times \Delta \times (R_n - G) + \gamma \times \dfrac{900}{T + 273} \times u_2 \times VPD}{\Delta + \gamma(1 + 0.34 \times u_2)} \tag{4-9}$$

式中　ET_0——植被潜在蒸散量,mm/d;

　　　Δ——饱和水汽压 e_a 与温度曲线的斜率,kPa/℃;

　　　R_n——作物表面的净辐射量;

　　　G——土壤热通量,MJ/(m²·d);

　　　γ——干湿表常数,kPa/℃;

　　　T——平均日或月气温,℃;

　　　u_2——2 m 处的平均风速,m/s;

　　　VPD——2 m 高处水汽压亏缺量,$VPD = e_a - e_d$,e_a 和 e_d 分别为饱和、实际水汽压。

通过大量实践,詹森等对估算作物需水量的上述方法进行比较后认为,参考作物法具有较好的通用性和稳定性,估算精度也较高,各地都可以使用。美国农业部水土保持局主持编写的《美国国家工程手册·灌溉卷》中也指出,在综合考虑各种不同方法的优缺点后,推荐在许多地点都已证明具有足够精度的参考作物法作为统一的方法使用。我国在作物需水量的研究方面也做了大量的工作,已绘制了逐月参考作物需水量等值线图和主要农作物的需水量等值线图。此外,有关作物系数的研究工作,开展得也比较广泛,积累了比较丰富的资料。鉴于此,在计算农作物需水量时通常应用参考作物法。

对于参考作物需水量的计算需要很多气象资料,资料收集困难,在进行水资源规划等大尺度的需水量预测时可采取简化的做法,利用全国主要作物需水量等值线图,采用插值法确定各分区逐月参考作物需水量。对于作物系数,根据各地区的试验资料确定;对于缺乏资料的地区,引用与其相似地区的资料。

3. 有效降雨量(P_e)的确定

1)降雨量的频率分析

灌溉是人工补充天然降水不足的措施,因此降雨量及其在作物生育期的分布是影响灌溉制度的一个重要因素。由于降水量在不同的年际之间具有较大的变化,因此在分析作物水分供需关系时经常需要考虑不同降雨保证率的影响。不同降雨保证率下的降雨量的确定,是根据多年降雨量资料,利用皮尔逊－Ⅲ型曲线进行排频分析确定的。

2)不同水文年各分区降水量的年内分配

不同降雨保证率的年降雨量确定后,如何将其在年内进行分配也是至关重要的。如果降雨量的月分配过程与作物的生长期需要较为吻合的年份,即使该年来水较枯,其需水量要求也不会太大;反之,如果降雨量的月分配过程与作物的生长期需要不吻合的年份,即使该年来水较丰,其需水量要求也会很大。宏观问题的研究通常采用目前确定降雨量年内分配的比较简单的做法——典型年法。

3)有效降雨量的确定

(1)对于旱作物,有效降雨为保持在作物根系吸水层中供蒸发、蒸腾所利用的降水量,即降水量减去径流量和深层渗漏量。其值与一次降雨量、降雨强度、降雨延续时间、土壤质地、结构、降雨前的土壤湿度、作物种类和生育阶段,以及田面条件(坡度、翻耕、平整情况)等有关,由灌溉试验站农田水量平衡实测资料确定。有效降雨可以借助于时段内的水量平衡方程确定,即:

$$P_e = P - R - F_d \tag{4-10}$$

式中　　P_e——有效降雨量,mm;

　　　　P——降水量,mm;

　　　　R——地面径流量,mm;

　　　　F_d——由于降水入渗超过土壤最大储水能力后产生的深层渗漏量,mm。

(2)当不考虑地面径流,且时段内无灌水时,若降水大于计算时段内允许最大土壤储水量(W_{max} 与降水时土壤实际储水量的差值),则有效降雨量为:

$$P_e = W_{max} - (W_0 + G - ET_c) \tag{4-11}$$

式中　　W_0——时段初的土壤储水量,mm;

W_{max}——时段内最大允许土壤储水量,mm;

G——地下水补给量,mm;

其余符号意义同前。

(3)若时段内降水小于计算时段内允许最大土壤储水量(W_{max} 与降水时土壤实际储水量之差值时,则有效降雨为:

$$P_e = P \tag{4-12}$$

式中符号意义同前。

(4)水稻生长期内,田面有水层,水层深浅随生育阶段不同而异,有其最大适宜水层深 $H_{适宜}$,降水中把田间水层深 h_t 补到深度 H 的部分($H \leqslant H_{适宜}$),以及供作物蒸发、蒸腾利用的 ET 和改善土壤环境的深层渗漏 F_d 都是有效降雨,形成的径流和无效的深层渗漏为无效降雨。其有效降雨量的计算方法为:当 $h_{t-1} > 0$,即雨前田面有水层时,其有效降雨量为:

$$P_e = (F_d + H + ET_c) - h_{t-1} \tag{4-13}$$

式中　H——水稻生长最大适宜水深,mm;

H_{t-1}——时段初的稻田水深,mm;

ET_c——时段 t 内的水稻需水量,mm;

F_d——时段内的稻田渗漏量,mm。

当 $H_{t-1} = 0$,即田面落干时,此时降水量把田面水层提高到最大适宜水深 $H_{适宜}$,把土壤水由雨前(晒田)的土壤储水量 W_0 增加到最大储水量 W_{max} 并满足作物需水量和稻田渗漏,则有效降雨为:

$$P_e = (W_{max} + F_d + H + ET_c) - W_0 \tag{4-14}$$

式中符号意义同前。

由上述可知,对于作物全生育期内的有效降水,无论是旱田还是水田,若历年分次计算,需要掌握时段初土壤储水量的实测值和最大储水量,在全国范围研究中较难实现。因此,在生产实践中常采用下列简化方法计算不同降雨保证率下的有效降雨量,即:

$$P_e = \sigma \cdot P \tag{4-15}$$

式中　σ——降雨有效利用系数,其值与一次降雨总量、降雨强度、降雨延续时间、土壤性质、作物生长、地面覆盖和计划湿润层深度等因素有关,一般应根据实测资料确定。

4.作物生育期内的地下水补给量(G_e)的确定

作物对地下水利用是客观存在的,由于研究和测定比较困难,国内外在这一方面的研究成果和实际观测资料等均比较少。但是,当制定灌溉制度和进行农田灌溉需水量计算或预测时,作物在整个生育期间对地下水的利用量却是不容忽视的。尤其是在地下水埋深比较浅的地区,确定作物的灌溉需水量时更应该考虑作物对地下水的利用。

所谓作物对地下水的直接利用量,是指地下水借助于土壤毛细管作用上升至作物根系吸水层而被作物直接吸收利用的地下水量。作物在生育期内所直接利用的地下水量与作物根系层深度、地下水埋深、作物根系发育等因素有关。

在一定的土壤质地和作物条件下,地下水利用量主要与埋深和大气蒸发力条件有关。

因此,可采用如下简单公式确定,即:

$$G = f(H) \cdot ET_c \tag{4-16}$$

式中　G——地下水利用量,mm 或 m³/亩;

　　　$f(H)$——地下水利用系数,即地下水利用量占相同阶段作物需水量的百分数;

　　　ET_c——相同时期内的作物需水量,mm 或 m³/亩,可采用公式计算。

从式(4-16)可以看出,确定地下水利用量的关键是寻找地下水利用系数 $f(H)$ 随埋深的变化规律。若已知地下水利用系数和埋深的关系,则可根据埋深 H 计算出相应埋深条件下的地下水利用系数 $f(H)$,并求得相应的地下水利用量。根据研究区的实际情况,调查确定不同地区、不同地下水埋深情况下的地下水利用量。在地下水埋深较大的地区,一般可忽略此项。

5. 水稻泡田定额 M_0 和全生育期渗漏量 F_d 的确定

1)水稻泡田定额 M_0 的确定

水稻泡田定额是指水稻生产中为满足耕作要求所需的水量。它的大小与土壤质地、地下水埋深、耕作方法有密切关系。根据研究区的实际情况,调查确定水稻区泡田定额。

2)水稻田渗漏量 F_d 的确定

由于水稻的栽培方法和灌水方法与旱作物不同,水稻田水分供需条件的评价方法亦与旱田不同,水稻是喜湿性作物,保持适宜的淹灌水层,能对稻作物水分及养分的供应提供良好的条件,同时还能调节和改善温、热及气候状况。由于田面经常有水层存在,故不断地有水分下渗。根据研究,长期淹灌的地区,控制适当的渗漏量,对水稻根系有毒物质的冲洗和水稻高产都是有益的。因此,水稻生育期内的净灌溉定额的分析应包括稻田渗漏量。

稻田渗漏包括田面渗漏和田埂渗漏两部分。田面渗漏取决于土壤、地理、水文地质和水田的位置等情况。而田埂渗漏仅取决于田埂的质量及养护状况。在稻田面积较大的情况下,田埂渗漏的水量只是从一个格田进入另一个格田,对整个地段来说,水量并无损耗。故此处所采用的稻田渗漏量,仅为垂直渗漏部分,其量与土质、地下水埋深,以及稻田灌水方式和淹水方式、淹水深度有关,很难用理论公式进行推算,目前生产实践中还是以取用实测和调查资料为主。

4.4.1.2　实践中农田灌溉需水量预测方法

理论中农田灌溉需水量的计算是在一系列的假定条件下得出的,也是经验公式。在实践中,由于现实条件的变化、供水条件的限制、长期养成的灌溉习惯等方面的原因,使得实际的灌溉制度、灌溉定额与理论计算结果之间有差异。比如,宁夏的农田灌溉,按照理论中计算,冬小麦从前一年的 10 月到次年的 6 月收割前,每个生育期都有需水量,而在前一年的 11 月到次年的 4 月之间,降雨很少,需要灌溉,而在 11 月以后到次年 4 月之前,黄河没有水量调度,不能引水,因此在此期间宁夏无法灌溉,但是,宁夏采取冬灌保墒的办法解决这一难题,前一年的 7 ~ 11 月在黄河调度期从黄河引水进行冬灌,每亩大概 120 m³ 左右,而在理论计算中,宁夏冬季的灌溉需水量并没有这么大,这就是理论农田灌溉需水量和实践中农田灌溉需水量的差别。另外,理论需水量计算需要大量的气象资料,小尺度的计算可以,而在全国的大尺度的需水量预测中难以收集到那么详细的资料,可操作性较差。因此,从理论需水量预测存在的问题以及宁夏这种比较特殊的地区农田灌溉的例子,基本可以得出,实践中农田灌溉需水量的预测不可能完全按照理论需水量的计算方法进行这一论断。但是,这并不表明理论需水量预测方法不可用,理论需水量预测方法是一个很重要的参考依据,没有这个参考值,难以确定实践中的灌溉水量是否合理。

以往的农田灌溉需水量预测中,灌溉定额一般是采用实际统计的灌溉定额,或者采用理论计算的灌溉定额,从上述分析可以看出,在水资源规划和合理配置中的需水量预测一定要采用理论计算值与实际统计值相结合的办法确定农田灌溉需水量。计算原理按下式计算:

$$W_G = \sum_{i=1}^{n} W_{N_i} \cdot A_i \qquad (4-17)$$

式中　W_G——农田灌溉需水量,m^3;

　　　W_{N_i}——农田综合毛灌溉定额,m^3/亩;

　　　A_i——农田面积,亩;

　　　其他符号意义同前。

农田毛灌溉定额可分为充分灌溉和非充分灌溉两种类型。预测农田灌溉定额要充分考虑农田节水措施以及科技进步的影响,同时对于水资源比较丰富的地区,一般采用充分的灌溉定额;而对于水资源比较紧缺的地区,一般采用非充分灌溉定额。

4.4.2　林牧渔畜的需水量预测方法

林牧渔业和牲畜的需水量占区域总需水量的比例很小,一般在8%左右,因此很少对此需水量专门研究,在规划中一般粗略计算一下。林牧业灌溉主要在干旱区域,其他地区灌溉比例很小。

随着国家对生态环境的重视,居民饮食结构的调整,未来林牧渔畜的发展将会比以往加快。林牧渔畜的有关发展指标主要参考国家林业、畜牧业等有关规划成果。对于林果的灌溉定额计算方法参考农田灌溉定额的计算原理,再结合历史灌溉制度的统计数据综合确定。牲畜需水量定额采取居民生活需水量预测的方法,分成大牲畜和小牲畜两类,采用日需水量定额法预测。对于鱼塘补水量计算主要考虑鱼塘水面蒸发和鱼塘渗漏两部分内容,计算公式为:

$$W = 0.667 \times \sum_{i=1}^{12} (E_i + F_{d_i} - P_i) S \qquad (4-18)$$

式中　W——鱼塘补水量,m^3;

　　　E_i——第 i 月的水面蒸发量,mm;

　　　F_{d_i}——第 i 月的鱼塘渗漏量,mm;

　　　P_i——第 i 月的降雨量,mm;

　　　S——鱼塘补水面积,亩。

4.5　干旱区域工业需水量预测研究

工业需水量预测就是要估算出区域内所有工业企业或某一工业企业在某一年份需要

从水源取用的原水量。由于影响工业企业用水的因素较多,因此工业需水量的预测是一项复杂的工作。工业需水量的变化与今后工业发展布局、产业结构调整和生产工艺水平的改进等因素密切相关。虽然正确预测未来工业需水量还有诸多困难,但在研究工业用水的发展过程、分析工业用水现状和未来工业发展的趋势以及需水量水平变化之后,可以从中得出某些变化规律。目前,通过对企业用水及其影响因素的研究,许多学者提出不少工业企业需水量预测方法,分述如下。

4.5.1　单位产品用水定额预测法

近年来,许多地方通过对企业用水进行大量的调查、测试和分析,考虑到今后节水工作的开展,制定了各行各业的单位产品用水定额,可以用产品数量和规定的不同产品的用水定额计算预测各水平年的工业需水量。公式为:

$$Q_g = \sum_{i=1}^{N} V_i P_i \tag{4-19}$$

式中　Q_g——预测水平年的工业需水量,万 m³;

V_i——第 i 项产品的用水定额,m³/单位产品;

N——产品种类数;

P_i——预测水平年第 i 项产品数量,万单位产品。

4.5.2　回归分析预测法

工业用水在一定的范围内是有规律的。因此,利用调查或统计的历年工业用水量,通过回归分析,寻找工业需水量与工业产值等影响因素之间的函数关系,建立回归模型进行工业需水量预测。

通常情况下,工业需水量与工业产值等影响因素之间的关系均为非线性关系,可根据假定的非线性关系式,通过数学变化,将其换算为线性关系,再利用线性回归的方法确定回归模型,用于回归分析所用的原始值也要作相应的转换。得到线性回归方程后,应该根据变量或系数的变换关系再还原为原函数形式。

非线性回归数学模型为:

$$Q_g = a \cdot z^b \tag{4-20}$$

式中　Q_g——预测水平年需水量,万 m³;

a、b——回归系数;

z——年工业总产值或其他影响因素。

在资料已确定的情况下,应通过几种相关关系与原资料的分析比较,确定相关程度高、预测误差小的预测模型。

4.5.3　趋势预测法

趋势预测法包括递推法、公式法。递推法即用历年用水增长率推测预测水平年需水量;公式法即是按历年用水量随时间变化绘制曲线,以寻找变化趋势和规律,可以根据具体情况分别采用多项式、指数、乘幂等公式,对预测水平年的需水量进行预测。

4.5.3.1 递推法

大量分析资料表明,工业需水量呈逐年增长趋势。这种变化趋势一般可用工业新水量增长率来反映。因此,可用企业多年平均增长率或计划增长率作为今后企业新水量增长率,用下式计算不同水平年的工业需水量:

$$Q_g = Q_0 (1 + \varepsilon)^n \tag{4-21}$$

式中 Q_g——预测水平年的工业需水量,万 m^3;

      Q_0——预测起始年的工业需水量,万 m^3;

      ε——工业用水增长率(%);

      n——间隔年年。

推测法的关键是正确确定预测时段内年用水增长率。实际上,一个地区或一个企业的年用水增长率与工业结构、用水管理水平、企业产值变化、水的重复利用率等有很大关系。因此,在依据企业过去资料求得年均增长率后,还应该结合企业今后的发展变化情况,如工艺结构调整、重复利用率提高、工业产值等作综合分析,确定出一个比较合理的年用水增长率。

4.5.3.2 公式法

公式法又称时间序列模型,是指用水量与时间的关系模型。将历年用水量值按时间的先后顺序排列对应,利用回归分析或其他方法建立二者之间的相关关系。

(1)线性模型:假定用水量与时间的变化关系为一元线性关系,即

$$Q_g = a + bt \tag{4-22}$$

式中 Q_g——预测水平年的需水量,万 m^3;

      a、b——待定系数,可用最小二乘原则确定;

      t——预测间隔年数。

(2)非线性模型:地区或企业年用水量与时间的变化关系有时并非线性关系,而为非线性关系,如指数函数、幂函数、双曲函数等。从理论分析看,双曲函数较符合企业用水发展的基本规律。当工业结构、生产结构、生产规模日趋稳定时,企业年需水量不会无限增长,而是趋于稳定需水量。

4.5.4 相关分析法

相关分析法即根据对用水量变化产生影响的因子变化规律的分析,采用用水量增长与影响因子之间的相关规律,对预测水平年的需水量进行预测。例如,工业用水量与工业产值相关性较强,可以用工业产值增长率和工业用水增长率的相关关系来推导城市工业需水量等。此法又可以分为产值相关法(也称定额法)、弹性系数法、重复利用率提高法等具体计算方法。

4.5.4.1 弹性系数法

在一个系数中,如果有两组变量 x 和 y,则 y 的相对增长量和 x 的相对增长量的比值叫弹性系数。弹性系数的表达式为:

$$e = \left(\frac{\Delta y}{y}\right) \bigg/ \left(\frac{\Delta x}{x}\right) \tag{4-23}$$

工业用水弹性系数法是指企业年用水增长率与工业产值增长率的比值。应当提出的是,弹性系数也应是一变量。

另外,通过相关分析可建立企业年用水与工业产值的相关方程,表示为:

$$Q_g = K \cdot Z^b \tag{4-24}$$

式中　Q_g——预测水平年的需水量,万 m^3;

　　　K——常数;

　　　Z——年工业总产值;

　　　b——回归系数,这里也称为弹性系数。

4.5.4.2　重复利用率提高法

万元产值用水量反映了企业工业总产值与用水量的关系,从其考核指标的计算公式中看到,在已知企业或地区工业总产值后,若能确定出合理的万元产值用水量,就能预测出相应年份的工业需水量总量。指标分析表明,一个地区或一个企业,当工业结构已基本趋向稳定、无根本性变化时,万元产值用水量基本上取决于重复利用率。

工业用水量逐渐增加,由于水源紧缺、供水工程不足而导致供水不足,提高水的重复利用率是行之有效的措施。随着科学技术的进步,重复利用率将会不断提高,而工业万元产值用水量将会不断下降。重复利用率提高法的计算公式为:

$$Q_g = Z \cdot q_2 \tag{4-25}$$

$$q_2 = q_1 (1 - \alpha)^n (1 - \eta_2) / (1 - \eta_1) \tag{4-26}$$

式中　Q_g——预测水平年的需水量,万 m^3;

　　　Z——预测水平年的工业总产值,万元;

　　　q_1、q_2——预测始、末年份的万元产值需水量,m^3/万元;

　　　η_1、η_2——预测始、末年份的重复利用率(%);

　　　α——工业技术进步系数,一般取值 0.02 ~ 0.05;

　　　n——预测年数。

4.6　需水预测实例——以宁夏中南部城乡饮水安全水源工程受水区域为例

4.6.1　研究区自然及社会经济现状

根据《固原市经济要情手册》《宁夏统计年鉴》《中卫市统计年鉴》,研究区现状年 2010 年经济社会指标见表 4-1。

表 4-1 研究区现状社会经济情况统计(2010 年)

序号	项目	单位	原州区	西吉县	彭阳县	海原县	研究区小计
1	乡镇	个	12	19	12	8	51
2	行政村	个	193	306	156	112	767
3	总人口	万人	44.75	46.28	23.37	15.83	134.73
4	农业人口	万人	27.52	36.79	18.39	11.87	99.27
5	非农业人口	万人	17.23	9.49	4.98	3.96	35.56
6	人口自然增长率	‰	12.22	15.27	9.68	12.40	
7	土地面积	km²	2 760	3 130	2 528	2 786	11 204
8	耕地面积	万亩	146.3	174.4	100.4	157.5	578.6
9	农业总产值	万元	122 257	102 425	91 778	10 870	327 330
10	工业总产值	万元	115 600	90 200	88 600		294 400
11	GDP	万元	300 393	180 295	132 158	10 390	623 236
12	大牲畜存栏	头	88 994	91 416	82 363	37 182	299 955
13	羊	只	201 794	142 037	143 091	198 095	685 017

4.6.2 研究区社会经济发展预测

4.6.2.1 人口与城镇化预测

根据各县(区)相关资料可知,2010 年原州区、西吉县、彭阳县、海原县实际人口自然增长率分别为 12.22‰、15.27‰、9.68‰、12.40‰。城镇化率分别在 30.85%、20.5%、21.3%、25%。

根据各市、县、区国民经济和社会发展"十二五"规划纲要以及各县(区)总规划,到 2015 年,原州区、彭阳县、西吉县和海原县人口自然增长率分别降低到 10‰、10.5‰、10‰和 12‰,各县(区)城镇化率分别达到:原州区 40%、西吉县 30%、彭阳县 40%、海原县 45%。到 2020 年,原州区、西吉县、彭阳县、海原县城镇化率分别达到 40%、35%、45%、50%。2025 年城镇化率略有增加。根据《宁夏国民经济和社会发展"十三五"规划纲要》,2020 年全区人口自然增长率降低到 8‰。根据以上分析,取相关指标预测人口数量见表 4-2。

表 4-2 研究区规划水平年人口数量预测

县区	人口数量(万人)								
	总人口			城镇人口			农业人口		
	2015 年	2020 年	2025 年	2015 年	2020 年	2025 年	2015 年	2020 年	2025 年
原州区	47.03	48.46	49.94	18.81	19.38	22.47	28.22	29.07	27.47
西吉县	48.55	51.04	53.53	14.57	17.86	21.42	33.98	33.18	32.12
彭阳县	24.56	25.31	26.30	9.82	11.39	13.15	14.74	13.92	13.15
海原县	16.80	17.14	18.06	7.56	8.57	9.93	9.24	8.57	8.13

注:根据《宁夏回族自治区"十三五"生态移民安置规划》,以上预测均扣除了生态移民县外安置人口,原州区 4.06 万人,西吉县 4.9 万人,彭阳县 2.2 万人,海原县 1.31 万人。

4.6.2.2 工业发展预测

　　研究区工业主要集中在固原市的原州区、彭阳县和西吉县。现状 2010 年工业增加值 16.26 亿元,其中原州区 7.76 亿元,西吉县 2.68 亿元,彭阳县 4.62 亿元,海原县研究区 1.2 亿元。根据各县(区)"十二五"规划的相关内容,原州区 2015 年、2020 年、2030 年工业增长率分别取 15%、12%、8%;2015 年、2020 年、2025 年西吉县工业增加值增长率分别采用 15%、10%、8%;彭阳县 2015 年、2020 年、2025 年工业增加值增长率分别采用 15%、10%、9%;海原县工业增长率同原州区。各县(区)规划年的工业增加值详见表 4-3。

表 4-3　研究区工业增加值发展预测

县区	2010 年 (亿元)	2010~ 2015 年增长率	2015 年 (亿元)	2015~ 2020 年增长率	2020 年 (亿元)	2020~ 2025 年增长率	2025 年 (亿元)
原州区	7.76	15	15.61	12	20.60	8	22.30
西吉县	2.68	15	5.40	10	8.70	8	12.80
彭阳县	4.62	15	9.30	10	15.00	9	23.00
海原县	1.20	15	2.41	12	4.24	8	6.22

4.6.2.3 农业灌溉面积预测

　　研究区规划范围的农业灌溉包括库井灌区、扬黄灌区和设施农业区三部分。

　　1. 库井灌区

　　根据《宁夏山区库井灌区节水改造工程规划研究》(宁夏固原市水利勘测设计院),研究区现有库井灌区共 30.51 万亩,其中库灌区 21.51 万亩(含塘坝灌区 1.71 万亩和当地小扬水灌区 2.33 万亩),井灌区 9.00 万亩。

　　考虑到水资源的供需矛盾,研究区以优先保证居民生活用水以及生态环境用水为原则,必须大力控制农业用水的增长。因此,研究区库井灌区以节水改造为主,灌区规模应维持现状,节约水量结合生态移民,主要用于发展设施生态农业。规划水平年 2015 年至 2025 年研究区库井灌区总规模为 30.51 万亩,其中库灌区 21.51 万亩,井灌区 9.00 万亩。

　　2. 扬黄灌区

　　研究区已建有固海扬水工程和固海扬水扩灌工程,位于清水河流域,主要涉及原州区和海原县。而其中海原县固海扬水工程涉及范围不包含在研究区规划范围内,因此固海扬水工程在研究区范围内仅涉及原州区。固海扬水工程在原州区范围内灌区位于固扩十一泵站以后,灌溉面积 7.6 万亩。计入南城拐子二级生态移民灌区 4.6 万亩,扬黄灌区在原州区总灌溉面积 12.2 万亩,其中:渠灌 4.95 万亩,管灌 2.65 万亩,补灌 4.6 万亩。从目前来看,扬水工程没有潜力为研究区增加农业灌溉面积,因此研究区扬水灌区规划年的灌溉面积维持现状不变。

　　3. 设施农业区

　　根据宁夏回族自治区 2007 年出台的《宁夏中部干旱带和南部山区设施农业发展建设规划》和研究区各县设施农业发展规划,本项目研究区范围设施农业规模按照以水定地原则确定。研究区现状农业灌溉主要为库井灌区和扬黄灌区,各规划水平年库井灌区及扬黄灌区农田灌溉规模不变,通过节水灌溉提高灌溉水利用系数,全部用于发展设施农业。研究区灌溉面积发展规模预测见表4-4。

表4-4　研究区灌溉面积发展预测　　　　　　　　　　　　（单位:万亩）

序号	项目	原州区	西吉县	彭阳县	海原县	小计
一	现状2010年					
1	库灌	5.40	7.28	8.29	0.54	21.51
2	井灌	2.93	2.98	1.96	1.04	9.00
3	扬黄畦灌面积	4.95				4.95
4	扬黄节水补灌面积	2.65				2.65
5	扬黄生态移民补灌面积	4.60				4.60
	合计	20.53	10.26	10.25	1.58	42.71
二	规划年(2015年、2020年、2025年)					
1	库灌	5.40	7.28	8.29	0.54	21.70
2	井灌	2.93	2.98	1.96	1.04	9.00
3	扬黄畦灌面积	4.95				4.95
4	扬黄节水补灌面积	2.65				2.65
5	扬黄生态移民补灌面积	4.60				4.60
6	设施农业	2.98	3.63	6.80	0.30	13.71
	合计	23.51	13.89	17.05	1.88	56.61

注:农业灌溉面积规划年2020年及2025年同2015年。

4.6.2.4　畜牧业发展预测

研究区畜牧业相对较发达,现状2010年牲畜总数75.92万头,其中大家畜24.77万头,小家畜51.15万只。现状年牲畜主要为家庭散养,规划水平年散养牲畜数量维持现状。另外结合研究区畜牧业发展需求,规划水平年适当考虑规模化养殖场的发展,2015年,养殖规模按现状牲畜数量的15%计,即研究区养殖场的规模为11.38万头(只),其中大家畜3.71万头、小家畜7.67万只;2020年养殖规模按现状牲畜数量的25%计,即研究区养殖场的规模为18.98万头(只),其中大家畜6.19万头、小家畜12.79万只。2025年维持2020年水平不变。农村散养牲畜需水在农村生活需水量中考虑,因此仅将规模化养殖场牲畜用水单独考虑,仅预测规模化养殖场牲畜数量,如表4-5所示。

表 4-5　研究区牲畜规模预测

县(区)	2015 年		2020 年	
	大家畜(头)	小家畜(只)	大家畜(头)	小家畜(只)
原州区	7 206	12 789	12 010	21 315
西吉县	13 712	21 305	22 854	35 509
彭阳县	12 355	21 464	20 591	35 773
海原县	3 880	21 168	6 466	35 280
总计	37 153	76 726	61 921	127 877

4.6.3　研究区需水预测

4.6.3.1　需水预测方法及依据

根据研究区域原州区、西吉县、彭阳县以及海原县的部分地区用水的特点和资料的完整性及准确性,从居民生活需水、工业需水、农业需水 3 个方面分别进行需水预测。需水预测是在 2010 年现状用水的基础上,对不合理的供用水情况做了部分调整,以此作为需水预测的基准。对规划年的需水预测中,根据前文预测的不同规划水平年的经济社会发展水平,结合当地用水习惯、现状用水水平,参考国内外及区内同类型区域各行业的用水水平,确定各行业净用水定额,同时考虑水利用系数,分别预测各行业的净需水量和毛需水量。

另外,就需水而言,生活、工业用水在不同保证率下的需水量变化较少,因此不再考虑不同水文年份对其需水量的影响。而农田灌溉不但是第一用水大户,并且一般情况下不同来水频率其需水量变化较大,需要考虑不同水文年份的影响。但由于一方面研究区域各县(区)规划水平年主要发展设施农业,灌溉方式为膜下滴灌,灌溉用水受降水影响不大;另一方面,由于南部山区灌溉方式采用非充分灌溉,小麦、玉米等农作物其亩均用水量均未达到生理需水量。故本书采用的净灌溉定额不考虑不同降水频率灌溉定额的变化情况,统一取值。

4.6.3.2　生活需水预测

生活用水主要包括城镇居民和农村居民生活用水,并且用水项中应当包含公共用水(建筑业、餐饮业和服务业用水),才能够与自治区现行的城市生活用水定额相衔接,从而更准确地估算生活用水。

1. 计算方法

该方法主要考虑的因素是用水人口和用水定额。全年用水时间为 365 d,计算公式如下:

$$W = \frac{P \times q \times 365}{1\ 000} \tag{4-27}$$

式中　W——年生活净需水量,万 m^3/a;

　　　P——用水人口,万人;

q——日均用水定额,L/(人·d)。

2. 用水定额的确定

居民综合生活用水分为城镇居民综合生活用水和农村居民综合生活用水。

1) 城镇居民综合生活用水定额

现状年研究区城镇生活用水定额为 85 L/(人·d),是城市供水定额下限;供水管网漏失率约为 15.3%,较全国平均水平略低;城市节水器具普及率约为 40%,较全国平均水平大约低十个百分点。

本次直接采用强化节水方案来预测研究区需水量。强化节水方案是在现状节水措施基础上,按照实行最严格的水资源管理制度以及节水型社会建设的要求,进一步加大节水建设的投入,提高节水技术含量等各种节水措施实施后所确定的需水方案。

城镇综合生活用水包括城镇居民生活用水和公共建筑用水。根据《室外给水设计规范》(GB 50013—2006),研究区属二类区中、小城市规模,综合生活用水平均日定额取值为 110~180 L/(人·d);根据《宁夏城市生活用水定额(试行)》综合用水定额,固原城市生活用水定额为 175~160 L/(人·d),该定额主要针对现阶段用水所制定的参考指标。根据《宁夏水资源综合规划》,给出了固原 2020 年的用水定额值,提出了强化节水方案,强化方案与宁夏节水型社会建设规划方案是一致的,城镇水利用系数及管网漏失率较中等方案相对提高,《宁夏水资源综合规划》取值为 120 L/(人·d);《全国城市饮用水水源地安全保障规划》(水规总院,2006 年 7 月)研究中,宁夏取值 85~140 L/(人·d)。考虑到现有城市实际常住人口大于户籍统计人口以及流动人口等因素,城市生活用水以户籍统计人口作为预测基数计算时,需水定额应适当提高。

综合考虑上述因素,考虑节水型社会建设要求,本书近期规划水平年 2015 年城镇生活综合用水定额统一取为 95 L/(人·d);规划水平年 2020 年城镇生活综合用水定额统一取为 110 L/(人·d);规划水平年 2025 年城镇生活综合用水定额统一取为 120 L/(人·d)。这与《城市居民生活用水用量标准》(GB/T 50331—2002)规定的宁夏用水定额 85~140 L/(人·d)相比,该定额处于中等水平。

2) 农村居民综合生活用水定额

农村居民综合生活用水包括农村居民生活用水和公共建筑(学校、寺庙等)用水,通常按照《村镇供水工程技术规范》(SL 310—2004)确定。该规范中宁夏属于一类区,农村居民最高日生活用水定额为 60~80 L/(人·d),日变化系数取 1.3,折算平均日用水定额为 46~62 L/(人·d),考虑 10% 的公共建筑用水,则平均日用水定额为 51~68 L/(人·d);结合《宁夏水资源综合规划》中固原 2020 年农村生活用水定额值 55 L/(人·d),则项目区规划水平年 2015 年、2020 年、2025 年农村生活用水定额统一取为 55 L/(人·d)。

3. 需水量计算

生活毛需水量计算中通常考虑管网输水损失和水厂自用水量,其中管网输水损失取值 10%,水厂自用水量取值 5%。据此规划水平年城镇、农村居民综合生活需水量预测结果详见表 4-6。

表 4-6　研究区规划水平年生活需水量预测结果　　　　　（单位:万 m³）

县(区)	2015 年需水量			2020 年需水量			2025 年需水量		
	城镇生活	农村生活	小计	城镇生活	农村生活	小计	城镇生活	农村生活	小计
原州区	750.07	533.04	1 283.11	894.82	549.10	1 443.92	1 131.81	518.87	1 650.69
西吉县	581.00	641.84	1 222.84	824.64	626.73	1 451.37	1 078.93	606.71	1 685.64
彭阳县	391.58	278.42	670.00	525.90	262.93	788.83	662.37	248.39	910.76
海原县	301.46	174.53	476.00	395.70	161.88	557.58	500.17	153.57	653.74

4.6.3.3　农业需水预测

农业需水量应包括农田灌溉需水和林牧业需水,以及设施农业需水,本书中林业需水在生态环境需水中考虑。因此,农业需水仅包括农田灌溉、设施农业和牧业需水三部分。

结合研究区的实际情况,农业需水量的预测采用基于灌溉定额的需水量预测方法,该方法需要考虑三个关键性指标:灌溉面积、各种作物净灌溉定额和灌溉水有效利用系数。该法比较直观,简单易行,便于考虑宁夏现有及规划产业政策,现阶段土地整改、农业开发及高效节水补灌项目,并结合节水型社会建设目标、规划用水指标等情况,做出较为合理的分析。牧业需水量预测与居民生活需水量预测方法相似,分成大牲畜和小牲畜两类,采用日需水量定额法预测。

1.农田灌溉需水量预测

研究区的农业都为旱作农业,有扬黄灌区、当地库井灌区以及高效节水补灌区,本书根据不同灌区和不同灌溉方式,采用分类综合灌溉定额,根据式(4-28)预测:

$$W_农 = A \times m/\eta \tag{4-28}$$

式中　$W_农$——农业毛灌溉需水量,万 m³;

　　　A——灌溉面积,万亩;

　　　m——综合净灌溉定额,m³/亩;

　　　η——平均灌溉水利用系数。

综前所述,本书采用的净灌溉定额不考虑不同降水频率灌溉定额的变化情况,统一取值。

1)库井灌区需水

研究区库井灌区现状多为土渠输水,设计灌水方法以低压管灌为主。规划水平年库井灌区综合净灌溉定额维持现状,主要通过加强渠道砌护、改造失修建筑物、采用节水灌溉方式,提高灌溉水利用系数,达到节水目的。根据调查,研究区彭阳县现状农业亩均综合定额 274 m³/亩,根据 2010 年宁夏灌溉水有效利用系数测算,南部山区综合农业灌溉水利用系数 0.62,反算田间综合净定额 170 m³/亩,据此,本书规划水平年库井灌区综合灌溉定额取值 170 m³/亩。其他县(区)可结合实际情况取值。

2)扬黄灌区需水

原州区固扩十一泵站以上高效节水灌溉项目中,已开发的 4.95 万亩灌区维持现状全生育期充分灌溉模式，畦灌方式，包括干渠在内的灌溉水利用系数 0.69，综合净灌溉定额 230.3 m³/亩；新开发的 2.65 万亩灌区采用补水灌溉，低压管道输水，输水管网水利用系数采用 0.98，蓄水池蒸发损失取 5%，灌溉水利用系数采用 0.857，灌溉定额 74 m³/亩；南城拐子二级扬水节水补灌 4.6 万亩，但由于南城拐子二级扬水灌区末梢有 1 万亩被固原盐化工厂区占地征用，因此规划补灌净灌溉面积按 3.6 万亩考虑，通过加强灌溉管理水平，净灌溉定额下降至设计水平，取值 63 m³/亩，灌溉水利用系数采用 0.857。

3）设施农业需水

设施生态农业采用低压管道输水、膜下滴灌节水灌溉方式，灌溉水利用系数为 0.90。灌溉定额按照宁夏回族自治区水利厅关于印发《宁夏农业灌溉用水定额（试行）》的通知确定：日光温棚为 340 m³/亩，大拱棚为 260 m³/亩，其中日光温棚按 50% 考虑，拱棚按 50% 考虑，据此，设施农业综合净灌溉定额取 300 m³/亩。

规划水平年研究区灌溉定额、灌溉水利用系数取值见表 4-7，其中规划水平年 2015 年和 2020 年取值相同。农业灌溉需水预测结果详见表 4-7、表 4-8。

表 4-7　净灌溉定额及灌溉水利用系数取值

序号	项目	原州区	西吉县	彭阳县	海原县
一	灌溉定额（m³/亩）				
1	库灌区	152.80	152.80	170.00	112.15
2	井灌区	96.34	96.34	140.00	76.72
3	扬黄畦灌	230.30	—	—	—
4	扬黄节水补灌	74.00	—	—	—
5	扬黄生态移民补灌	63.00	−63.00	63.00	63.00
6	设施农业	340×50% + 260×50% = 300			
二	灌溉水利用系数	库灌 0.68，井灌 0.86，扬黄畦灌 0.69，扬黄节水补灌 0.86，扬黄生态移民补灌 0.86，设施农业 0.9			

表 4-8　研究区规划水平年农田需水量预测汇总（2015 年、2020 年、2025 年）　（单位：万 m³）

县区	年净用水量				年毛用水量			
	库井	设施	扬黄	小计	库井	设施	扬黄	小计
原州区	849.99	894.00	1 625.89	3 369.88	1 096.07	993.33	2 219.14	4 308.54
西吉县	1 399.48	1 091.22		2 490.70	1 969.67	1 209.10		3 178.77
彭阳县	1 513.70	2 040.00		3 553.70	2 141.57	2 266.67		4 408.24
海原县	139.71	64.88		204.59	180.92	71.89		252.81

2. 规模化养殖场牲畜需水

农村散养牲畜需水在农村生活需水量中考虑，规模化养殖场牲畜在农业需水中考虑，其用水定额按照《村镇供水工程技术规范》（SL 310—2004）确定。牲畜日平均用水定额：

大家畜按育成牛 40 L/(头·d)计,小家畜按羊 5 L/(只·d)计。规划水平年农村规模化养殖牲畜需水量详见表 4-9。

表 4-9　研究区规划水平年农村规模化养殖场牲畜需水量预测结果

县(区)	2015 年		2020(2025)年		2015 年需水量		2020(2025)年需水量	
	大家畜(头)	小家畜(头)	大家畜(头)	小家畜(头)	净(万 m³)	毛(万 m³)	净(万 m³)	毛(万 m³)
原州区	7 206	12 789	12 010	21 315	12.85	14.78	21.42	24.64
西吉县	13 712	21 305	22 854	35 509	23.91	27.49	39.85	45.82
彭阳县	12 355	21 464	20 591	35 773	21.96	25.25	36.59	42.08
海原县	3 880	21 168	6 466	35 280	9.53	10.96	15.88	18.26

3.农业需水量汇总

如前所述,将规模化养殖场牲畜需水考虑在农业需水中,则农业需水包括农田需水及规模化养殖场牲畜需水,汇总如表 4-10。

表 4-10　研究区规划水平年农业需水量预测结果　　　　　　(单位:万 m³)

县(区)	2015 年需水量		2020(2025)年需水量	
	净水量	毛水量	净水量	毛水量
原州区	3 382.73	4 323.32	3 391.30	4 333.18
西吉县	2 514.61	3 206.26	2 530.55	3 224.59
彭阳县	3 575.66	4 433.49	3 590.29	4 450.32
海原县	214.12	263.77	220.47	271.07

4.6.3.4　工业需水预测

工业需水预测依据规划水平年工业单位需水定额与其增加值来进行预测,其中需水定额根据研究区域工业用水现状结合《宁夏回族自治区节水型社会建设"十二五"规划》取值。宁夏现状工业用水定额为 64 m³/万元,规划 2015 年全区万元工业增加值用水量在 60 m³/万元以下。

考虑到固原工业发展水平落后,主要为一般工业,工业用水定额较全区相对较低,其规划用水定额在现状基础上略有提高。其中彭阳县工业发展以轻纺加工业为主,用水水平远低于全区平均水平,工业万元增加值取水定额现状年为 6 m³/万元。规划年工业万元增加值取水定额在现状年水平的基础上会略有提高,据此 2015 年、2020 年、2025 年分别取 8 m³/万元、10 m³/万元、12 m³/万元。其他县(区)2015 年工业产值用水量取值为 35 m³/万元,结合产业节水技术发展,规划水平年 2020 取 30 m³/万元,2025 年取 25 m³/万元。毛需水量计算中,管网损失和未预见水量采用 10%,水厂自用水采用 5%。工业需水预测结果详见表 4-11。

表 4-11　研究区规划水平年工业需水量预测结果

县（区）	工业增加值（亿元）			2015 年（万 m³）		2020（万 m³）		2025 年（万 m³）	
	2015 年	2020 年	2025 年	净水量	毛水量	净水量	毛水量	净水量	毛水量
原州区	15.61	20.60	22.30	546.35	2 321.60	618.00	4 813.70	557.5	4 744.13
西吉县	5.40	8.70	12.80	189.00	217.35	261.00	300.15	320.0	368.00
彭阳县	9.30	15.00	23.00	74.40	85.56	150.00	172.50	276.0	317.40
海原县	2.41	4.24	6.22	84.35	97.00	127.20	146.28	155.5	178.83

表 4-11 中原州区工业需水量只是针对现有工业及其工业增加值的基础上进行的预测，没有考虑规划建设位于原州区的固原盐化工循环经济扶贫示范区工业需水。根据《固原盐化工循环经济扶贫示范区供水工程水资源论证报告》及《固原盐化工循环经济扶贫示范区供水工程可行性研究报告》示范区一期（2013 年建成）需水 1 693 万 m³，二期（2016 年建成）共计需水 4 103 万 m³。据此，原州区 2015 年、2020 年、2025 年工业需水量分别为 2 322.3 万 m³、4 813.7 万 m³、4 744.13 万 m³。

4.6.4　综合需水预测及分析

4.6.4.1　综合需水预测

综上，规划水平年社会经济综合需水量＝生活需水量＋工业需水量＋农业需水量，考虑水资源配置是以毛需水量为依据的，表 4-12 仅列出各类毛需水量。具体见表 4-12。

表 4-12　研究区规划水平年需水量预测结果汇总　　　　　　　（单位：万 m³）

县（区）	年毛需水量											
	2015 年				2020 年				2025 年			
	生活	农业	工业	小计	生活	农业	工业	小计	生活	农业	工业	小计
原州区	1 283.1	4 323.3	2 322.3	7 928.7	1 443.9	4 333.9	4 813.7	10 591.5	1 443.9	4 333.2	4 744.1	10 521.2
西吉县	1 222.8	3 206.3	217.4	4 646.5	1 451.4	3 224.6	300.2	4 976.2	1 451.4	3 224.6	368.0	5 044.0
彭阳县	670.0	4 433.5	85.6	5 189.1	788.8	4 450.3	172.5	5 411.6	788.8	4 450.3	317.4	5 556.5
海原县	476.0	263.8	97.0	836.8	557.6	271.0	146.3	974.9	557.6	271.1	178.8	1 007.5

4.6.4.2　需水预测分析

1.用水结构分析

从各用水户需水比例来看，农业需水占据了研究区各县（区）用水的主导地位，其次是生活需水，工业需水量所占比例极小（除原州区由于固原盐化工的启动致使工业需水量陡增）。其中，农业需水尽管占据需水主导地位，但所占比例呈现逐步下降的趋势。原州区由 2015 年的 54.5% 下降到 2020 年的 40.9%，至 2025 年下降到 40.4%；西吉县由 2015 年的 69% 下降到 2020 年的 64.8%，直至 2025 年的 61.2%；彭阳县由 2015 年的 85.4% 下降到 2020 年的 82.2%，至 2025 年下降到 78.4%；海原县研究区由 2015 年的 31.5% 下降到 2020 年的 27.8%，至 2025 年的 24.6%。农业需水比例的不断下降也表现了农业的节水措施在不断加强。

生活需水所占的比例呈逐年上升趋势,原州区由于工业需水量的陡增导致生活需水所占比例由 2015 年的 16.2% 下降到 2020 年的 13.6%,至 2025 年再次上升到 15.4%;西吉县由 2015 年的 26.3% 上升到 2020 年的 29.2%,直至 2025 年的 31.9%;彭阳县由 2015 年的 12.9% 上升到 2020 年的 14.6%,至 2025 年上升到 16.4%;海原县研究区由 2015 年的 56.8% 上升到 2020 年的 57.1%,至 2025 年上升到 59.2%。生活需水比重逐年提高,这符合了区域城市化进程加快的需求。

工业需水比例逐年上升,原州区由 2015 年的 29.3% 上升到 2020 年的 45.5%,至 2025 年略微下降至 44.2%;西吉县由 2015 年的 4.7% 上升到 2020 年的 6.1%,至 2025 年上升到 7.0%;彭阳县由 2015 年的 1.7% 上升到 2020 年的 3.2%,至 2025 年上升到 5.6%;海原县由 2015 年的 11.6% 上升到 2020 年的 15.6%,至 2025 年的 16.2%。

2. 需水增长趋势分析

从需水增长趋势上看,研究区工业需水增长率最大。2015~2025 年,原州区工业需水增长率为 104%,西吉县为 69.3%,彭阳县为 270%,海原县为 124%。生活需水增长率相对较大,原州区 2015~2025 年生活需水增长率为 28.6%,西吉县为 37.8%,彭阳县为 35.9%,海原县为 37.3%。农业需水增长率最小,原州区为 2.3%,西吉县为 5.7%,彭阳县为 4.7%,海原县为 2.8%。这种用水结构符合国家及地方水资源管理要求,也符合水资源可持续发展的要求。以上分析说明,本次需水预测是合理的。

4.7　小　结

本章首先对社会经济需水量预测的国内外研究进展进行了阐述,凝练了当前社会经济需水量预测研究领域依然存在的问题,进而阐述了社会经济需水量预测分类、原则及各行业需水量预测的多种方法,并对比、分析、总结了各类预测方法的特点和适用范围,以便读者针对区域特点及行业特点选用合适的预测方法。

第5章 宁夏中南部城乡饮水安全水源工程 受水区域概况及水资源开发利用分析

5.1 受水区域概况

宁夏中南部城乡饮水安全水源工程是将宁夏固原南部六盘山东麓雨量较多、水量相对较丰沛的泾河流域地表水,经拦截、调蓄,向北输送到固原中北部干旱缺水地区的区域性水资源合理配置工程。该项目涉及宁夏固原市的原州区、彭阳县、西吉县、泾源县全部以及中卫市的海原县部分区域,其中泾源县位于六盘山东麓,属于渭河一级支流泾河的发源地,是宁夏降水量和水资源最丰富的地区,也是该工程的调水区;其他地区则是干旱缺水非常严重的地区,属于该工程的受水区域。受水区域规划范围为固原市的原州区、彭阳县和西吉县三个县(区)的全部,以及中卫市海原县的部分地区,均属黄河中游黄土高原丘陵沟壑区,地形复杂,自然条件恶劣,干旱少雨,雨量较为集中,干旱、洪涝、冰雹等自然灾害频繁,水土流失严重,土壤肥力较低。造成该地区经济发展相对滞后,居民生活水平较低,部分地区由于没有固定的水源和较为完善的水利基础设施,人畜饮水问题极为困难,严重影响着区域的社会和谐和经济社会的持续发展。水资源紧缺是受水区域经济社会发展最主要的制约因素,解决该地区用水紧缺问题,对促进区域经济社会的快速发展和民族团结、社会稳定,都具有极为重要的现实意义。考虑受水区域干旱缺水、多水源调配的水资源利用特点,在宁夏中南部干旱区域具有一定的代表性,本书以上述受水区域(以下统称受水区域)作为宁夏中南部干旱区域的典型代表区域,以其自然地理、土地利用、水资源要素为背景资料开展生态环境需水量及水资源配置研究。

5.1.1 自然地理及行政区划

原州区位于宁夏回族自治区南部山区,东邻甘肃省环县及彭阳县,南接泾源县、隆德县,西与海原县及西吉县相连,北与吴忠市同心县毗邻,地跨东经105°28′~106°30′,北纬35°34′~36°38′,是宁夏固原市南部山区政治、经济、文化的活动中心。原州区现有三营镇、头营镇、彭堡镇、清河镇、开城镇、张易镇6个镇,河川乡、官厅乡、寨科乡、炭山乡、中河乡等6个乡,193个行政村、1 152个自然村,计算面积2 850 km²。原州区主要地貌类型为土石低山、黄土丘陵和河谷平原地貌类型。

彭阳县位于宁夏回族自治区东南边缘,计算面积为2 491 km²。境内洪河、茹河、蒲河和若干沟壑纵横交错,地形复杂,自然条件恶劣。全县境内涉及白阳、王洼、古城3个镇,冯庄、孟塬、城阳等9个乡、3个建制镇,156个行政村、707个自然村。区域海拔1 600~1 750 m,地势西北高、东南低,境内沟壑纵横,山坡较陡,沟深谷窄,土壤侵蚀冲刷严重,地形主要有黄土丘陵、山地、浅山地,土壤主要为黑垆土、山地灰褐土和山地粗骨土。

西吉县位于宁夏西南部、六盘山的西麓，东经 105°20′~106°04′，北纬 35°35′~36°14′，东西长 67 km、南北宽 74 km，总面积 3 985 km²，计算面积 3 144 km²。全县共涉及吉强、兴隆、新营、将台、城阳等 16 个乡、3 个建制镇，306 个行政村、1 909 个自然村。西吉县地势南高北低、西高东低，海拔 1 688~2 633 m。地貌分三种类型，即黄土丘陵、河谷川道、土石山区。

受水区域范围内的海原县包括海原县城及周边的曹洼乡、红阳乡、九彩乡、郑旗乡、贾趟乡、李旺乡、高崖乡，涉及 8 个乡镇、70 个行政村、431 个自然村。海拔在 1 450~1 600 m，计算面积 2 622 km²。受水区域规划范围行政区划图见图 5-1。

图 5-1 受水区域规划范围行政区划(2011 年)

5.1.2 气候特征

受水区域各县(区)都深居内陆，具有典型的大陆性季风气候特征，春暖迟，夏热短，秋凉早，冬寒长，干旱少雨，风大沙多，无霜期短。四季交替变化不明显，多年平均气温 6~7 ℃，初霜一般出现在 9 月下旬，终霜一般在 5 月上旬，无霜期仅有 100~150 d。土壤结冻时间最早始于 11 月上旬，解冻时间最迟在 3 月下旬，冻土时间近 4 个月，冻土深 90~100 cm。全年 2/3 的月份为晴天，光照较长，太阳辐射较强。全年风多，常伴有干旱、大风、尘暴、冰雹、霜冻等自然灾害。

5.2 受水区域河流水系

受水区域所涉及流域主要有清水河流域、葫芦河流域、泾河流域以及祖厉河流域。其中，彭阳县境内河流主要有泾河支流洪河、茹河和蒲河；西吉县境内河流水系主要有葫芦河、清水河、祖厉河；原州区境内河流水系主要有葫芦河、清水河；海原县境内河流水系主要为清水河。受水区域规范范围主要河流水系示意如图 5-2 所示；各县(区)河流基本情况见表 5-1。

5.3 受水区域水文要素及其特点

5.3.1 降水及其特点

受水区域多年平均降水量 350～499 mm，降水量受东南季风的影响，由南向北递减，降水时空分布不均，主要集中在 7 月、8 月、9 月 3 个月。连续最大四个月降水量在 6～9 月，占年降水量的 70% 左右，最大降水量出现于 7、8 月，且以局地暴雨的形式出现，最小降水量出现在 1 月、12 月。受水区域 75% 保证率年降水量在 278～423 mm、95% 保证率年降水量在 221～328 mm。受水区域各流域多年平均降水量及不同保证率月分配见表 5-2。

5.3.2 蒸发

受水区域年水面蒸发量变化在 850～1 150 mm，平均蒸发量为 950 mm，水面蒸发的年际变化一般在 20% 左右。水面蒸发年内变化较大，11 月至次年 3 月为结冰期，蒸发量小，占全年的 20% 左右。水面蒸发量最小月一般出现在气温最低的 12 月和 1 月。4～6 月气温升高且风大，蒸发最为旺盛，蒸发量可占全年的 40% 左右。受水区域多年平均水面蒸发量月分配见表 5-3。

5.3.3 径流

受水区域地表径流主要来源于大气降水，径流的空间分布趋势与降水大体一致，由南向北逐渐减小。受水区域多年平均径流深为 16～104 mm，径流系数为 0.04～0.20。径流的季节变化与降水的季节变化关系十分密切。冬季(11 月至次年 3 月)由于降水较少，径流主要靠地下水补给，冬季径流量仅占年径流量的 15%～18%。8 月径流量最大，占年径流量的 20%～30%，1 月最小，不到年径流量的 3%。夏粮作物主要生长期的 4～6 月径流量，占年径流量的 20% 左右。受水区域各流域不同保证率天然径流量见表 5-4。

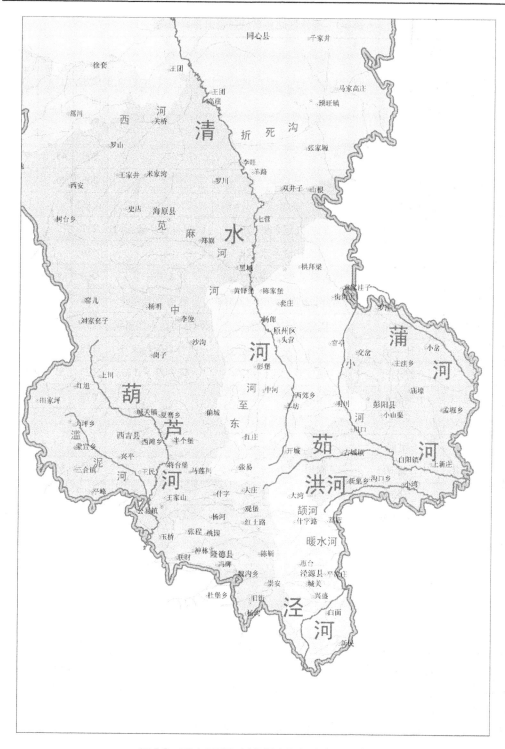

图 5-2 受水区域规划范围主要河流水系示意

表 5-1　受水区域各县(区)河流基本情况

县(区)	流域	河流	发源地点	汇入地点	县境内集水面积(km²)	河道长度(km)	平均坡降(‰)
原州区	清水河	冬至河			500	45.1	9.26
		杨达子沟			205	26.3	7.21
		中河等其他小沟			1 352		
	葫芦河	马莲川	固原红庄乡樊家庄	西吉将台乡杨家河	217		
	泾河	茹河	固原开城乡水沟壕		576		
西吉县	葫芦河	干流	西吉县月亮山(2 633 m)	甘肃静宁县	960	119.8	3.39
		滥泥河	甘肃会宁老君乡大山川(2120 m)	西吉兴隆镇	516	58.9	2.13
		马莲川	固原红庄乡樊家庄	西吉将台乡杨家河	231	45.9	8.57
		什字河	隆德观庄乡六盘山西侧	西吉兴隆赵家庄	158	52.8	9.68
		好水川	观庄乡六盘山西侧	兴隆乡以下3 km	127	51.7	8.35
	清水河	中河臭水河			578		
	祖厉河				487		
彭阳县	泾河	洪河	新集豆家山庄		359	59.3	15.5
		茹河	固原开城乡水沟壕		1 329	92.8	12.11
		蒲河	环县庙儿掌沟		803	49.0	8.72
海原县	清水河	大红沟			709	34.6	10.9
		苋麻河			1 063	80.4	6.69
		双井子沟			950		

5.3.4　泥沙

受水区域地处黄土丘陵沟壑区,沟壑较为发育,梁峁破碎,水蚀强烈,泥沙含量高,植被较差,水土流失严重,是水土流失较为严重的地区。多年平均输沙模数为5 000～7 000 t/(km²·a)。输沙量年内分配极不均匀,其中绝大部分集中在汛期6月、7月、8月3个月,输沙量占全年的80%以上,高含沙水流与汛期暴雨洪水有直接关系,1月、2月、11月、12月含沙量很小,基本上为清水。受水区域多年平均输沙量及月分配见表5-5。

表 5-2　受水区域各流域多年平均降水量及不同保证率月分配　　（单位：mm）

县（区）	流域	月份	1	2	3	4	5	6	7	8	9	10	11	12	全年
原州区	清水河	多年平均	3.3	4.3	11.4	23.5	41.5	55.6	88.3	103.3	66.4	31.0	8.3	2.2	439
		75%	3.2	10.4	8.0	29.7	11.6	16.4	115.8	103.9	49.5	30.0	11.9	0.8	391
		95%	0.8	6.9	12.0	12.0	39.9	23.4	28.4	55.7	69.8	25.2	4.7	1.2	280
	葫芦河	多年平均	3.4	5.6	12.4	28.9	49.7	63.3	103.3	111.3	74.8	34.9	9.3	2.0	499
		75%	6.7	12.2	5.2	72.3	41.6	12.8	85.2	93.3	65.2	12.6	6.8	0.3	414
		95%	3.9	9.7	17.1	11.2	38.7	25.2	26.7	65.8	68.8	43	7.2	2.1	319
	泾河	多年平均	3.6	5.7	12.8	29.7	51.7	64.3	104.3	111.5	74.9	35.0	9.5	2.2	510
		75%	6.9	12.9	6.2	72.9	43.6	15.8	87.2	98.3	66.2	13.6	7.8	0.3	423
		95%	4.9	12.7	19.1	18.2	39.7	28.2	27.7	69.8	73.8	46	7.5	2.9	328
西吉县	祖厉河	多年平均	3.3	6.4	12.5	22.5	38.4	50.9	70.5	84.8	54.3	26.4	6.9	3.1	380
		75%	2.2	12	18.1	12.0	25.8	62.8	57.9	63	32.8	19.5	3.8	4.2	314
		95%	1.4	2.6	10.7	22.3	32.4	46.9	36.6	42.2	35.3	24.0	0.2	0.4	255
	清水河	多年平均	2.7	3.9	11.7	25.0	43.7	57.1	85.2	101.0	64.4	31.5	7.3	1.8	435
		75%	2.2	5.1	4.7	23.8	48.5	94.3	34.8	73.0	48.4	8.5	21.2	1.0	366
		95%	4.0	2.4	19.9	27.9	82.3	72.7	33.2	20.5	28.2	3.9	0.4	6.1	302
	葫芦河	多年平均	2.8	4.6	10.2	23.8	40.9	52.1	85.1	91.7	61.6	28.7	7.7	1.6	411
		75%	5.5	10.0	4.3	59.5	34.3	10.5	70.2	76.8	53.7	10.4	5.6	0.2	341
		95%	3.2	8.0	14.1	9.2	31.9	20.8	22.0	54.2	56.7	35.4	5.9	1.7	263
彭阳县	泾河	多年平均	4.9	7.3	16.6	28.5	42.9	52.6	91.7	96.0	73.2	38.1	10.9	3.3	466
		75%	0.0	0.0	7.5	41.6	32.5	42.2	173.8	18.9	30.4	29.7	1.4	0.0	378
		95%	6.1	0.7	26.6	26.4	84.4	39.3	47.5	13.8	28.1	13.0	2.5	13.5	302
海原县	清水河	多年平均	2.1	3.9	9.4	19.9	33.3	42.9	71.0	82.4	52.9	24.7	6.5	1.3	350
		75%	0.5	1.8	16.5	39.6	26.6	48.6	32.7	52.0	34.9	24.6	0.0	0.5	278
		95%	0.4	1.4	13.1	31.4	21.1	38.6	25.9	41.2	27.6	19.5	0.0	0.4	221

表 5-3　受水区域多年平均水面蒸发量月分配　　（单位：mm）

月份	1	2	3	4	5	6	7	8	9	10	11	12	全年
蒸发量	30.4	37.1	73.2	116.9	141.6	139.7	115.0	103.6	69.4	57.0	38.0	28.5	950
占全年的百分比（%）	3.2	3.9	7.7	12.3	14.9	14.7	12.1	10.9	7.3	6.0	4.0	3.0	100

表 5-4　受水区域各流域不同保证率天然径流量

县（区）	流域	面积（km²）	多年平均径流量（万 m³）	径流深（mm）	径流系数	C_v	不同保证率年径流量（万 m³）		
							50%	75%	95%
原州区	清水河	2 057	7 270	35.0	0.08	0.60	5 936	3 552	1 444
	葫芦河	217	2 260	104.0	0.20	0.60	1 898	1 202	546
	泾河	576	2 530	43.9	0.09	0.60	2 049	1 236	611
	小计	2 850	12 060				9 883	5 990	2 601
西吉县	祖厉河	487	800	16.0	0.04	0.62	665	414	182
	清水河	578	1 480	26.0	0.06	0.60	1 245	788	358
	葫芦河	2 079	5 850	28.0	0.06	0.60	4 901	3 102	1 410
	小计	3 144	8 130				6 811	4 304	1 950
彭阳县	泾河	2 491	8 920	36.0	0.07	0.54	7 665	5 107	2 600
海原县	清水河	2 622	4 460	17.0	0.05	0.70	3 753	2 166	811

表 5-5　受水区域多年平均输沙量及月分配

县（区）	1	2	3	4	5	6	7	8	9	10	11	12	多年平均输沙量（万 t）
原州区	0.0	1.6	11.0	9.0	27.6	128.5	303.2	567.3	76.0	12.1	0.6	0.2	1 137
西吉县	0.0	1.9	54.7	130.0	111.0	149.0	407.0	813.0	175.0	32.1	9.4	1.9	1 886
彭阳县	0.0	1.2	5.0	16.2	34.9	152.0	467.0	498.0	56.1	15.0	0.0	0.0	1 244
海原县	0.0	0.0	2.7	9.3	21.0	111.0	473.0	617.0	70.9	6.6	0.0	0.0	1 311

5.3.5　水质

西吉县葫芦河干流及左侧支流地表水质较好,矿化度在 2 g/L 左右;葫芦河右岸滥泥河和祖厉河水质较差,地表水矿化度在 2~5 g/L。清水河在臭水河以上水质较好,矿化度在 1 g/L 左右,臭水河以下水质很差,在 5 g/L 以上。西吉县矿化度 >2.0 g/L 的面积为 1 954 km²,地表水径流量为 3 640 万 m³。原州区清水河流域水质较差,地表水矿化度在 2~5 g/L。其他流域上水质较好,矿化度在 2 g/L 左右;矿化度 >2.0 g/L 的面积为 899 km²,地表水径流量为 2 620 万 m³。彭阳县水质较好,地表水矿化度一般在 2.0 g/L 以下。海原县受水区域范围水质较差,地表水矿化度一般在 2.0 g/L 以上。

5.4　受水区域水资源量

5.4.1　地表水资源量

受水区域为山丘区,地表水资源量即河川径流量。根据《宁夏固原地区城乡饮水安全水源工程受水区域水资源评价》《原州区水资源配置》《宁夏南部山区河流水资源状况及变化》,受水区域多年地表水资源量见表 5-6。由表 5-6 可知,受水区域多年平均地表水资源量 33 570 万 m^3。矿化度大于 2 g/L 的地表水资源量 10 720 万 m^3,其中原州区 2 620 万 m^3,占其多年平均地表水资源量的 24%;西吉县 3 640 万 m^3,占多年平均地表水资源量的 34%;海原县地表水矿化度基本在 2 g/L 以上。大于 2 g/L 的地表水资源量在各县(区)的分布见表 5-6。

表 5-6　受水区域各县(区)水资源总量计算成果　　　　　(单位:万 m^3)

县(区)	流域	面积（km^2）	多年平均地表水资源量	多年平均地下水资源量	重复计算量	水资源总量	其中 >2 g/L 的地表水资源量
原州区	清水河	2 057	7 270	2 910	2 910	7 270	2 620
	葫芦河	217	2 260	200	200	2 260	0
	泾河	576	2 530	300	300	2 530	0
	小计	2 850	12 060	3 410	3 410	12 060	2 620
西吉县	祖厉河	487	800	200	200	800	800
	清水河	578	1 480	380	380	1 480	720
	葫芦河	2 079	5 850	2 360	2 360	5 850	2 120
	小计	3 144	8 130	2 940	2 940	8 130	3 640
彭阳县	泾河	2 491	8 920	3 730	3 730	8 920	0
海原县	清水河	2 622	4 460	1 950	1 950	4 460	4 460

注:海原县与西吉县矿化度 >2 g/L 的地表水资源量所占比重较大。

5.4.2　地下水资源量

根据《宁夏固原地区城乡饮水安全水源工程受水区域水资源评价》《原州区水资源配置》《宁夏南部山区河流水资源状况及变化》,受水区域原州区、彭阳县、西吉县河川径流量是将区域代表站历年径流资料系列切割基流计算,海原县河川径流量是按照基流模数类比计算的。受水区域各县(区)多年平均地下水资源量见表 5-6。

5.4.3　水资源总量

水资源总量是指流域内当地降水形成的地表和地下产水量,即地表径流量与降水入渗补给量之和,不包括过境水量。

根据《固原地区城乡饮水安全水源工程受水区域水资源评价》扣除地表水资源量与地下水资源量之间的重复量,受水区域水资源总量 33 570 万 m^3,其中矿化度≥2 g/L 的地表水资源量 10 720 万 m^3。原州区多年平均水资源总量为 12 060 万 m^3,平均产水模数 4.19 万 $m^3/(km^2 \cdot a)$;西吉县多年平均水资源总量为 8 130 万 m^3,平均产水模数 2.59 万 $m^3/(km^2 \cdot a)$;彭阳县多年平均水资源总量为 8 920 万 m^3,平均产水模数 3.58 万 $m^3/(km^2 \cdot a)$。海原县多年平均水资源总量为 4 460 万 m^3,平均产水模数 1.7 万 $m^3/(km^2 \cdot a)$。受水区域各县(区)水资源总量见表 5-6。

5.4.4 水资源可利用量

5.4.4.1 现状用水方式下水资源可利用量

根据《宁夏固原地区城乡饮水安全水源工程受水区域水资源评价》,采用《宁夏回族自治区水资源调查评价》(宁夏人民出版社出版,2005 年 8 月)中水资源可利用量评价方法评价,某一流域地表水。

资源可利用量是用流域内多年平均地表水资源量扣除河道内基本生态环境需水量、蒸发、渗漏损失以及泥沙(河道内生态环境需水量)后,再减去汛期难以控制的洪水量,则受水区域各县(区)不同保证率水资源可利用量见表 5-7。

表 5-7 受水区域各县(区)不同保证率水资源可利用量 （单位:万 m^3）

县(区)	多年平均水资源量	多年平均水资源可利用量	不同保证率水资源可利用量		
			50%	75%	95%
原州区	12 060	5 120	4 469	3 590	2 240
西吉县	8 130	3 360	3 095	2 420	1 550
彭阳县	8 920	1 970	1 797	1 450	970
海原县	4 460	1 890	1 702	1 310	790

按照农业灌溉的标准,矿化度大于 2 g/L 的水资源不能满足农业灌溉的要求,应该从水资源可利用量中扣除。经计算,受水区域各县(区)扣除矿化度 2 g/L 以上的水资源可利用量见表 5-8。

表 5-8 受水区域各县(区)扣除矿化度 2 g/L 以上的水资源可利用量（单位:万 m^3）

县(区)	多年平均水资源可利用量	不同保证率水资源可利用量		
		50%	75%	95%
原州区	2 990	2 727	2 110	1 310
西吉县	2 240	2 043	1 610	1 040
彭阳县	1 970	1 773	1 450	970
海原县	0	0	0	0

5.4.4.2 考虑未来洪水资源化利用的水资源可利用量

本书根据"宁夏回族自治区分区治水思路",南部山区必须要考虑洪水资源化利用。

随着信息化站点的布设,预测预报能力逐步提高,某一流域地表水资源可利用量是用流域内多年平均地表水资源量扣除河道内基本生态环境需水量、蒸发、渗漏损失以及泥沙(河道内生态环境需水量)后,剩余水量全部作为水资源可利用量。本研究各县(区)河道内生态环境需水量根据著作《宁夏中南部干旱区域生态需水量理论方法与实践研究》(中国矿业大学出版社,李金燕著)研究结果确定。受水区域各县(区)不同保证率水资源可利用量见表5-9。扣除矿化度2 g/L以上的水资源可利用量见表5-10。

表 5-9　受水区域各县(区)不同保证率水资源可利用量　　　（单位:万 m³）

县(区)	多年平均水资源量	多年平均水资源可利用量	不同保证率水资源可利用量		
			50%	75%	95%
原州区	12 060	10 119	8 660	6 060	3 780
西吉县	8 130	7 030	5 830	4 200	2 690
彭阳县	8 920	5 965	4 950	3 640	2 440
海原县	4 460	3 416	2 660	1 840	1 110

表 5-10　扣除矿化度2 g/L以上的水资源可利用量　　　（单位:万 m³）

县(区)	多年平均水资源可利用量	不同保证率水资源可利用量		
		50%	75%	95%
原州区	7 174	5 980	4 290	2 630
西吉县	2 690	2 240	1 610	1 030
彭阳县	5 965	4 950	3 640	2 440
海原县	0	0	0	0

5.5　受水区域现状水资源开发利用分析

5.5.1　现状的用水量情况

受水区域现状2010年供用水量统计见表5-11。

5.5.2　现状的水资源开发利用程度分析

受水区域规划范围各类工程现状年供水量为9 074万 m³(扣除外调水),多年平均水资源可利用量为12 340万 m³,矿化度2 g/L以下可利用量为7 200万 m³。可以看出,受水区域现状供水量已将矿化度2 g/L以下的可利用量全部用完,而且利用矿化度2 g/L以上的苦咸水1 874万 m³,现状年供水量占可利用量的80.9%。受水区域现状年当地水资源开发利用程度分析结果见表5-12。

表 5-11　受水区域现状 2010 年供用水量统计　　　　　　（单位:万 m³）

| 县(区) | 农业用水量 | | | | | | 农村人畜用水量 | | |
	蓄水	引当地水	提当地水	地下水	外调水(扬黄水)	合计	当地地表水	地下水	合计
原州区	700	0	0	833	1 645	3 178	83	1	84
西吉县	3 000	430	0	996	0	4 426	231	82	313
彭阳县	800	200	616	154	0	1 770	116	14	130
海原县	100	20	0	133	0	253	43	49	92

| 县(区) | 城镇生活用水量 | | | 工业用水量 | | | 总供水量 | | | |
	地下水	外调水	合计	地下水	外调水	合计	当地地表水	地下水	外调水	合计
原州区	176	160	336	10	122	132	783	1 021	1 927	3 730
西吉县	96	0	96	0	78	78	3 661	1 174	78	4 913
彭阳县	39	0	39	24	0	24	1 732	231	0	1 963
海原县	96	0	96	32	0	32	163	308	0	473

注:蓄水、引当地水和提当地水均指当地地表水,外调水指东山坡引水工程贺家湾水库供水。

表 5-12　受水区域现状年当地水资源开发利用程度分析　　　（单位:万 m³）

县(区)	地表水	地下水	合计	总的可利用量	利用程度(%)	矿化度 2 g/L 以下可利用量	利用程度(%)
原州区	783	1 021	1 804	5 120	38.23	2 990(1 970)	91.57
西吉县	3 661	1 174	4 835	3 360	143.90	2 240	215.85
彭阳县	1 732	231	1 963	1 970	99.65	1 970	99.65
海原县	163	310	473	1 890	25.03	0	—

原州区:矿化度 2 g/L 以下多年平均水资源可利用量为 2 990 万 m³,扣除葫芦河流域流入西吉县境内的 1 020 万 m³ 后,当地水资源可利用量为 1 970 万 m³。现状年各类工程的供水量为 1 804 万 m³,当地水资源开发利用程度为 91.57%。

西吉县:现状水平下各类工程的供水量大于水资源可利用量,并利用了 2 g/L 以上的苦咸水 1 575 万 m³。

彭阳县:现状用水水平下,当地水资源可利用量的开发程度为 99.65%,基本无水可继续利用。

海原县:无矿化度 2 g/L 以下的水资源可利用量,现状供水量均为苦咸水。

综上所述,现状用水水平下当地可利用的水资源开发利用程度已经非常高,除此之外,还利用了部分苦咸水。因此,受水区域规划范围内应通过工程或非工程措施提高其水资源的可利用量(包括处理利用苦咸水),或者外调水,以解决其水资源短缺问题。

5.6 受水区域规划水平年可供水量预测

规划水平年的可供水量与各水平年的治水思路及供水工程规划紧密相连,本次预测以 2010 年为现状水平年,根据现状供水工程和各县(区)水利发展规划、城市总体规划,结合水资源开发利用程度,预测规划水平年 2015 年、2020 年和 2025 年在不同来水保证率($P = 50\%$、$P = 75\%$ 和 $P = 95\%$)下的可供水量。

5.6.1 当地地表水可供水量预测

根据"自治区分区治水思路",南部山区考虑洪水资源化利用,随着信息化站点的布设,预测预报能力逐步提高,水资源利用量及利用率会进一步提高。因此,规划水平年 2015 年、2020 年、2025 年当地地表水可供水量以 5.4.4 中洪水资源化利用中的 2 g/L 以下水资源可利用量为基础,结合现状水资源利用水平,考虑库坝工程的实际运行方式,取水资源利用率分别为 80%、85%、85% 进行预测,其中西吉县考虑其现状水资源利用率较高,规划年取水资源利用率分别为 90%、95%、95%。同时,根据《宁夏回族自治区节水型社会建设"十二五"规划》,"十二五"末宁夏中南部的原州区、西吉县、同心县、海原县共增加苦咸水供水量 1 500 万 m^3,初步确定原州区苦咸水供水量为 300 万 m^3,海原县苦咸水利用量为 500 万 m^3,西吉县苦咸水供水量为 300 万 m^3,同心县苦咸水供水量为 400 万 m^3。初步规划 2020 年增加苦咸水利用量较"十二五"末将翻一番,即原州区为 600 万 m^3,海原县为 1 000 万 m^3,西吉县为 600 万 m^3,2025 年采用 2020 年规划值。综上,规划水平年受水区域地表水可供水量见表 5-13、表 5-14。

表 5-13　2015 年受水区域地表水可供水量　　　　　(单位:万 m^3)

县(区)	50% 保证率	75% 保证率	95% 保证率
原州区	5 083.00	2 796.00	1 238.75
西吉县	1 164.00	597.00	77.38
彭阳县	3 732.00	2 686.56	1 720.32
海原县	500.00	500.00	500.00

表 5-14　2020 年(2025 年)受水区域地表水可供水量　　　　(单位:万 m^3)

县(区)	50% 保证率	75% 保证率	95% 保证率
原州区	5 684.00	3 126.59	1 385.22
西吉县	1 576.00	977.50	429.01
彭阳县	4 744.50	3 431.76	2 218.47
海原县	1 000.00	1 000.00	1 000.00

5.6.2 地下水资源可供水量预测

地下水可供水量是指通过提水设备从地下提取为用户所用的水量,由于不同年型的降雨情况不同,地下水补给状况也是不同的,因而地下水年提取水量是不同的。但这种不同来水情况的补给量往往难以确定,在区域水资源供需分析中,一般将多年平均综合补给量作为地下水可供水量的控制极限,不再分年型。根据宁夏回族自治区人民政府 2002 年 10 月发布实施的《宁夏回族自治区矿产资源总体规划(2001—2010 年)(宁政发〔2002〕87 号)》,清水河平原七营以南区、葫芦河平原区、六盘山区属于地下水资源限制开采区。受水区域的现状地下水取水工程大多位于限制开采区,据此,规划水平年地下水可供水量在现状可供水量基础上,基本维持现状不变。根据《宁夏固原地区城乡饮水安全水源工程可行性研究报告》《原州区水资源配置》《彭阳县水资源配置》《西吉县水资源配置》《海原受水区域水资源配置》,受水区域规划水平年 2015 年地下水可供水量见表 5-15。2020 年及 2025 年维持 2015 年水平。

表 5-15　受水区域规划水平年 2015 年地下水可供水量　　　（单位:万 m³）

县(区)	地下水可供水量
原州区	1 021.00
西吉县	1 556.00
彭阳县	269.00
海原县	308.00

5.6.3　扬水工程可供水量预测

宁南山区已建有固海扬水和固海扬水扩灌工程,位于清水河流域,主要涉及原州区和海原县。而其中海原县固海扬水工程涉及范围不包含在受水区域规划范围内,因此固海扬水及其扩灌工程在受水区域范围内仅涉及原州区。《宁夏黄河水资源县级初始水权分配方案》中黄河初始水权分配给原州区黄河干流用水指标 4 800 万 m³。

根据《固原盐化工循环经济扶贫示范区总体规划水资源论证报告》、2011 年《固原盐化工循环经济扶贫示范区供水工程水资源论证报告》,2012 年及原州区的用水需求,固扩十一泵站规划给原州区灌溉、城乡生活供水 2 397 万 m³;同时,根据 2010 年 4 月 23 日宁夏回族自治区人民政府专题会议精神,要求固原市在确保人畜饮水、农业灌溉用水的前提下,通过优化用水结构,集约用水,每年将 2 000 万 m³ 扬黄水通过南坪水库供给固原盐化工扶贫示范区一期工程。据此扬黄工程规划给原州区供水总计 4 397 万 m³,没有超指标用水。

另外,2003 年黄河来水严重偏枯,宁夏回族自治区水利厅编制了《2003 年 4～6 月引黄灌区紧急水量调度预案》(以下简称《紧急预案》),此《紧急预案》经自治区人民政府批准执行。《紧急预案》水量分配原则为:各单位按五年平均引用水量为基数,按同比例'丰增枯减'进行分配,固海扬水、盐环定扬水、红寺堡扬水不减水。因此,宁夏回族自治区水利厅在黄河干流水量调度时,不予考虑水文年份对固海扩灌引水的影响。

因此,本书原州区规划年 2015 年、2020 年及 2025 年可供水量均按照 4 397 万 m³ 考虑,不考虑水文年份的影响。

5.6.4　东山坡引水工程可供水量预测

东山坡引水工程是为了充分解决固原市 2010 年的城市用水而兴建的固原市境内的小型调水工程。该工程于 2009 年 6 月全部建成,实际建成截引点 12 个。

东山坡引水工程供水量为 732 万 m³,根据宁夏回族自治区发改委宁发改基建〔2008〕201 号文件《关于固原市东山坡引水二期工程实施方案的批复》供水量分配比例按 5∶3∶2 调配:原州区城区、原州区东部农村供水工程、固原西部引水工程供水量分别为 382 万 m³、218 万 m³、132 万 m³,即东山坡引水工程供给原州区城区的可供水量为 382 万 m³,其中城镇生活水量 253 万 m³、工业水量 129 万 m³。根据《固原西部引水工程可研报告》,固原西部引水工程设计配给西吉县及原州区水量 132 万 m³/a,其中配给西吉县水量 114 万 m³/a、原州区水量 18 万 m³/a。根据《固原东部农村饮水安全重点供水工程初步设计概算》,固原东部引水工程设计配给彭阳县及原州区水量 218 万 m³/a,其中配给彭阳县水量 42 万 m³/a、原州区水量 176 万 m³/a,原州区固原东部引水全部计入农村可供水量,不计入城市供水中。2020 年固原东部引水工程的水量将全部配给彭阳县,原州区的水量配给由固原地区城乡饮水安全水源工程供给。根据以上分析,东山坡引水工程 2015 年向原州区供水总计 576 万 m³/a、向西吉县供水 114 万 m³/a、向彭阳县供水 42 万 m³/a。2020 年固原地区城乡饮水安全水源工程启动后,向原州区供水 400 万 m³/a、向西吉县供水 114 万 m³/a、向彭阳县供水 218 万 m³/a。

5.6.5　中水水源可供水量预测

5.6.5.1　原州区

原州区城区中水厂于 2010 年 12 月建成,设计规模为 1.5 万 m³/d,现状运行正常,处理后的水用于六盘山热电厂循环冷却,2011 年供水量为 274 万 m³。规划水平年没有其他中水厂建成,因此各规划水平年中水可供水量维持现状水平。

5.6.5.2　西吉县

西吉县城区污水处理厂现状处理污水能力 1 万 m³/d,现状日处理污水 3 500 m³/d 左右,主要满足城区服务范围内污水处理的需要。规划至 2015 年再生水处理规模为 0.22 万 m³/d,至 2025 年达到 1 万 m³/d。本次中水可利用量按中水处理规模的 60% 考虑,则 2015 年、2020 年西吉县中水可供水量为 48 万 m³,2025 年为 219 万 m³。

5.6.5.3　彭阳县

彭阳县城区污水处理厂现状处理污水能力 1 万 m³/d,实际日处理污水 3 500 m³/d 左右,现状污水集中处理率 36%。根据《彭阳县城总体规划》,到 2015 年,彭阳县污水处理厂污水处理能力扩建达到 1.3 万 m³/d,并建设配套中水处理厂;2020 年污水处理规模达到 1.8 万 m³/d。2015 年新建王洼镇污水处理厂 1 座,设计处理能力 0.3 万 m³/d,同时新建再生水厂 1 座。本次污水处理量按污水处理能力的 60% 考虑,2015 年、2020 年、2025 年,再生水利用率分别按照 30%、40%、50% 考虑。经预测,则 2015 年、2020 年、2025 年彭阳县中水可供水量分别为 86 万 m³、151 万 m³、189 万 m³。

5.6.5.4 海原县

根据《海原县城总体规划》,海原县 2015 年、2020 年、2025 年污水集污处理率分别按照 50%、50%、60% 考虑。2015 年、2020 年、2025 年再生水利用率分别按照 30%、30%、40% 考虑。据此根据海原县生活及工业需水量预测结果(以净需水量为基础),污水回收率按需水量的 65% 考虑,对中水可利用量进行核算,结果见表 5-16。

表 5-16   受水区域规划水平年中水供水量估算   (单位:万 m³)

县(区)	2015 年	2020 年	2025 年
原州区	274	274	274
西吉县	48	48	219
彭阳县	86	151	189
海原县	46	82	126

5.6.6   固原地区城乡饮水安全水源工程可供水量预测

固原城乡安全饮水水源项目是将宁夏固原地区南部六盘山东麓雨量较多、水量相对较丰沛的泾河流域地表水,经拦截调蓄后,向北输送至干旱缺水的清水河川地区的跨流域调水工程。根据《宁夏固原地区城乡饮水安全水源工程项目建议书》及《宁夏固原地区城乡饮水安全水源工程项目可行性研究报告》以及各县(区)水资源配置报告,该项目(指输水工程末端供水量)规划 2020 年启动以后,初拟外调供水量为 3 721 万 m³,受水区域规划水平年固原城乡饮水水源工程外调供水量规划分配指标见表 5-17。

表 5-17   受水区域规划水平年固原城乡饮水水源工程外调供水量规划分配

县(区)	分配水量(万 m³)	所占比例(%)
原州区	847.0	22.8
西吉县	1 590.0	42.7
彭阳县	790.0	21.2
海原县	492.0	13.3
受水区域合计	3 119.0	100.0

5.7   小   结

本章主要对受水区域的基本情况,包括地理位置、气候特征、河流水系、水文要素及特点作了简要明了的介绍,为后期生态环境需水量研究及水资源合理配置提供背景资料。同时对受水区域现状水资源状况及开发利用作了评价分析,并对规划年地下水、地表水、各类外调水源可供水量作了预测,为水资源合理配置提供了依据。

第6章　基于生态优先的宁夏中南部城乡饮水安全水源工程受水区域水资源合理配置研究

传统的水资源配置更加强调生产、生活需水量,往往忽视生态系统本身的需水量,认为水资源配置是在工业、农业和生活三个方面进行的。这种分配方式必定带来水在自然和社会经济系统中的不合理分配,一般是人类过多地占用(或控制)了水资源,侵占原本属于自然生态系统的水资源,进而影响到自然及社会的可持续发展。尤其在干旱缺水地区,这种不合理分配必然会导致明显的生态环境问题,使得原本脆弱的生态环境日趋恶化。

根据本书第3章"生态优先的水资源合理配置"理论研究成果认为:在考虑水资源配置时,应该考虑在生态、工业、农业、生活四个方面进行,即由传统的工业、农业和生活三个方面的配置转化为现代的生态、生活、生产三个方面的配置,即"三生"配置。同时,"生态优先的水资源合理配置"研究成果认为:在配水过程中,应将生态环境需水量置于非常重要的位置,尤其是在我国西北干旱和半干旱地区,保护生态环境、合理开发与合理配置水资源是实现水资源系统可持续发展的关键性和首要因素,在水资源合理配置的各层次中提出应"优先考虑生态环境需水量",保证水资源在生态环境及社会经济各用水部门之间的合理分配比例,以确保生态环境的良性循环以及经济社会的可持续发展。

宁夏固原城乡饮水安全水源工程受水区域地处宁夏回族自治区中南部,属西北干旱区域,本章以基于生态优先的水资源合理配置理论研究成果为指导,在深入分析受水区域生态环境需水量与社会经济需水量的基础上,进一步通过实例研究来实现生态环境优先的水资源合理配置模式,是对本书理论研究成果的应用,也是对可持续发展的水资源配置模式的补充与完善。

6.1　基于生态优先的受水区域水资源合理配置模式的实现

在区域水资源规划中,往往涉及大量的经济、环境、社会和资源开发利用等决策问题,这些问题的目标利益是相互矛盾、相互竞争的,单个目标的度量又是不可公度的,构成了复杂的决策过程。选择具有代表性的指标,较全面地刻画这些问题并较清晰地找出其内在的联系,以水资源为约束条件,达到以水资源可持续开发利用,促进社会、经济、环境,可持续、健康、协调发展,是建立多目标水资源合理配置模型的关键。由此可见,水资源规划系统是一个典型的复杂大系统,具有大系统的一般特征,如高维数、多目标、关联性、交互性、不确定性等。因此,需要从系统论的观点和方法出发,建立多目标合理配置模型来定量地描述这种关系,寻求区域经济可持续发展、生态环境质量改善和社会健康稳定等宏观水资源规划的目标,得到宏观最优的水资源配置方案。

本部分内容是在理论研究成果的指导下,根据受水区域特点建立大系统多目标模型并进一步率定模型参数,实现生态优先的水资源合理配置模式,为受水区域水资源可持续利用,经济社会的持续稳定健康发展和生态环境保护提供了决策依据。

6.1.1 水资源合理配置的指导思想

在保证经济社会和生态环境可持续发展的前提下,从全局出发,针对受水区域经济社会发展现状、发展前景,以及资源和环境的状况,比较宏观地研究受水区域水资源条件与经济社会和生态环境发展的矛盾与协调关系,通过工程措施和非工程措施,合理调配水资源,实现受水区域社会—经济—生态的协调发展,使其在国民经济发展中充分发挥作用,保障经济社会的健康快速发展。

通过分析受水区域水资源的动态变化情况,弄清各水资源配置方案下的供需平衡情况,研究扬黄水、东山坡引水、固原城乡引水、当地水,以及中水配置利用的最佳组合,系统地分析固原市城乡引水工程等大型水利工程规划对受水区域水资源配置的影响,提出生态安全的、具有可持续性的受水区域水资源系统配置方案,以促进社会经济和环境的协调统一,实现水资源的开发和保护并重。

6.1.2 水资源合理配置的基本条件

6.1.2.1 水平年

以 2010 年为现状基准年,近期规划水平年为 2015 年,远期规划水平年为 2020 年、2025 年。

6.1.2.2 配置模型分区

模型子区划分一般应遵循以下原则:

(1)尽量按照流域和地形、地貌条件划分,以便计算可供水量;

(2)尽可能与行政区划一致,以方便资料收集整理,增加实施的可行性;

(3)分区要与水资源调查评价中分区相协调,以便采用水资源评价成果。

根据以上原则,考虑社会经济发展目标多是以行政区划为单元进行,为使水量的分配具有实际意义,便于宏观分析、控制和具体操作,本研究按照行政单元进行分区,即将受水区域划分成 4 个子区:原州区、西吉县、彭阳县、海原县,研究中用 k 来表示。

6.1.2.3 水源类型

根据区域内各水源的供水范围,可将水源划分成两类:公共水源和独立水源,同时向两个或两个以上子区供水的水源称为公共水源。受水区域的供水水源主要有:当地水、扬黄水、东山坡引水、固原城乡引水以及其他水源(污水处理回用)。公共水源为扬黄水、东山坡引水、固原城乡引水,其余为独立水源。独立水源类型用 i 来表示,公共水源类型用 c 来表示。

6.1.2.4 用水部门

根据本研究实际情况,将用户划分为生活用水、生态环境、工业用水、农业用水共 4 个用水户,用 j 表示。

6.1.3 多水源供水系统结构

水资源合理配置受到地理条件及工程配套情况的限制,同时还得考虑不同用户对供水水质、供水成本的要求,即供水水源有一个供水能力,需水量用户有一定的需水量要求,当两者能够彼此满足时,此水源才向此用户供水。受水区域各子区的水源和用户供需关系有不同程度的差别,同一子区不同水平年供需关系也不尽相同。

受水区域供水水源近期规划水平年主要有当地水、中水、东山坡引水、扬黄水;远期规划水平年供水水源有当地水、中水、东山坡引水、固原城乡引水、扬黄水;用水户类型可分为生态环境用水、生活用水、工业用水、农业用水。各水平年供需关系分别见表6-1、表6-2。值得说明的是,依据《固原市及海原县受水区域水资源配置》(2012年)、《原州区水资源配置》(2012年)、《彭阳县水资源配置》(2012年)、《西吉县水资源配置》(2012年),远期规划水平年2020年及2025年固原城乡安全饮水水源工程启动后,按照规划调水量及各县(区)配水量,该供水水源满足区域城乡居民生活饮用水后,仍有余水,可考虑补给当地工业用水。据此远期规划水平年供水网络结构如表6-2所示。

表6-1 近期2015水平年各水源供水网络结构

县(区)	地表水	地下水	中水	东山坡引水	扬黄水
原州区	生态环境、生活、工业、农业	生活、工业、农业	工业	生活、工业	生活、工业、农业
西吉县	生态环境、生活、农业	生活、农业	工业	生活、工业	
彭阳县	生态环境、生活、农业	生活、工业	工业	生活	
海原县	生态环境、生活、农业	生活、工业	工业		

表6-2 远期2020年、2025年水平年各水源供水网络结构

县(区)	地表水	地下水	中水	东山坡引水	固原城乡引水	扬黄水
原州区	生态环境、生活、工业、农业	生活、工业、农业	工业	生活、工业	生活、工业	生活、工业、农业
西吉县	生态环境、农业	生活、农业、	工业	生活	生活、工业	
彭阳县	生态环境、生活、农业	生活、工业	工业	生活	生活、工业	
海原县	生态环境、农业	生活、工业	工业		生活	

6.1.4 生态优先的水资源合理配置数学模型

目标的选择如下所述。

本次水资源合理配置采用多目标规划法,以解决各分区之间水资源的规划问题,多目标规划的基本思路是从系统的基础模型出发,构造一组多维目标函数,在满足其水资源约束和目标约束的条件下,求得一组决策变量的满意值,使决策结果与给定目标的偏差值最小。目标规划方法的基本特点是可以实现人工干预,多个目标可有不同的重要性。

根据理论研究成果,基于生态优先的水资源合理配置模型是以可持续发展理论为基础,以生态环境需水量优先配置为主导思想,强调社会经济—人口—资源—生态环境的协调发展,遵循水资源的供需平衡以及时间和空间上的水量和水质的统一控制。对于水资源合理配置是多目标的,以经济效益、社会效益、生态环境效益等综合效益最佳为合理配置目标,因此生态优先的水资源合理配置数学模型应包括经济、社会和生态环境三个方面的目标,即:

$$f(X) = \text{option}\{f_1(X), f_2(X), f_3(X)\} \tag{6-1}$$

6.1.4.1 目标一(经济目标)

以区域供水带来的直接经济效益最大来表示,也就是各水平年各个子区不同用水部门用水所实现的经济净效益最大,其表达式为:

$$\max f_1(X) = \sum_{k=1}^{K} \sum_{j=1}^{J} \left[\sum_{i=1}^{I} (b_{ij}^k - c_{ij}^k) x_{ij}^k \alpha_i^k + \sum_{c=1}^{C} (b_{cj}^k - c_{cj}^k) x_{cj}^k \alpha_c^k \right] \times \beta_j^k \times w_k \tag{6-2}$$

式中 x_{ij}^k、x_{cj}^k ——独立水源 i、公共水源 c 向 k 子区 j 用户的供水量;

      b_{ij}^k、b_{cj}^k ——独立水源 i、公共水源 c 向 k 子区 j 用户的单位供水量效益系数;

      c_{ij}^k、c_{cj}^k ——独立水源 i、公共水源 c 向 k 子区 j 用户的单位供水量费用系数;

      α_i^k、α_c^k ——子区 k 独立水源 i、公共水源 c 的供水次序系数;

      β_j^k ——子区 k 用户 j 的用户公平系数;

      w_k ——子区 k 的权重系数。

其中供水次序系数 α,是根据各种水源的供水性能不同,反映供水水源的先后供水顺序的系数;用户公平系数 β 则是根据用水部门的用水特性不同,存在不同的先后用水顺序,本研究为了实现生态环境优先配置的思想,在保障生活用水的前提下,同时赋予了生态环境较高的用水次序;子区权重系数 w,是根据子区对整个区域社会经济及其他方面影响程度不同而确定的反映子区重要性的系数。这 2 个系数分别是公平性原则在不同用户和不同子区间的一种体现。本研究在确定供水效益系数时,通过赋予生活需水量及生态环境需水量较高的用水效益系数,保障居民生活用水,实现生态环境需水量优先配置的思想。

6.1.4.2 目标二(社会目标)

社会效益通常不易度量,如果单纯从水资源影响社会经济发展的角度考虑,通常缺水量对社会的安定和发展有着直接的影响,可以作为社会效益的一个度量。据此,本书以社会总缺水量最小作为社会目标,表达式为:

$$\min f_2(X) = \sum_{k=1}^{K} \sum_{j=1}^{J(k)} \left[D_j^k - \left(\sum_{i=1}^{I(k)} x_{ij}^k + \sum_{c=1}^{C(k)} x_{cj}^k \right) \right] \tag{6-3}$$

式中 D_j^k ——子区 k 用户 j 在不同水平年的需水量;

      其余符号意义同前。

6.1.4.3 目标三(生态环境目标)

基于"生态优先"的水资源配置思路,对于干旱区域生态环境系统维持平衡的基本条件是生态环境需水量的下限(即最小生态环境需水量)能够得到保障,并且在一定的限度内(生态环境需水量最大值与最小值之间),生态环境供水量越大,生态系统的平衡状态就越好。本研究选择在保证生态环境下限需水量要求的条件下,生态环境需水量满足程度最高作为生态环境目标,即各水平年生态环境供水量最大为目标。

$$\max f_3(X) = \sum_{k=1}^{K}\left(\sum_{i=1}^{I} x_{i2}^{k} + \sum_{c=1}^{C} x_{c2}^{k}\right) \tag{6-4}$$

式中　x_{i2}^{k}、x_{c2}^{k} ——各独立水源、公共水源给子区 k 生态环境用户的供水量；

其余符号意义同前。

6.1.5　生态优先的水资源合理配置约束条件

6.1.5.1　水源可供水量约束

公共水源：

$$\left.\begin{aligned} \sum_{j=1}^{J(k)} x_{cj}^{k} &\leqslant W_c^k \\ \sum_{k=1}^{K} W_c^k &\leqslant W_c \end{aligned}\right\} \tag{6-5}$$

独立水源：

$$\sum_{j=1}^{J(k)} x_{ij}^{k} \leqslant W_i^k \tag{6-6}$$

式中　x_{cj}^{k} ——公共水源 c 向子区 k 用户 j 的供水量；

x_{ij}^{k} ——独立水源 i 向子区 k 用户 j 的供水量；

W_c^k ——公共水源 c 分配给子区 k 的水量；

W_c ——公共水源 c 的可供水量；

W_i^k ——子区 k 独立水源 i 的可供水量。

6.1.5.2　水源输水能力约束

公共水源：　　　　　　　　$\left.\begin{aligned} W_c^k &\leqslant Q_c^k \\ x_{ij}^{k} &\leqslant Q_i^k \end{aligned}\right\} \tag{6-7}$

独立水源：

式中　Q_c^k ——子区 k 公共水源 c 的最大输水能力；

Q_i^k ——子区 k 独立水源 i 的最大输水能力。

6.1.5.3　需配置的生态环境需水量约束

$$D_{1\min}^{k} \leqslant \sum_{i=1}^{I} x_{i1}^{k} + \sum_{c=1}^{C} x_{c1}^{k} \leqslant D_{1\max}^{k}$$

式中　$D_{1\min}^{k}$ ——子区 k 生态环境需水量变化的下限,本研究中指生态环境需水量最小值；

$D_{1\max}^{k}$ ——子区 k 生态环境需水量变化的上限,本研究中指生态环境需水量适宜值。

6.1.5.4　社会经济需水量能力约束

各水源供给社会经济部门(生活、农业、工业)供水量不大于其需水量：

$$\sum_{i=1}^{I} x_{ij}^{k} + \sum_{c=1}^{C} x_{cj}^{k} \leqslant D_j^k \tag{6-8}$$

式中　D_j^k ——子区 k 用户 j 的需水量。

6.1.5.5　非负约束

$$\left.\begin{aligned} x_{ij}^{k} &\geqslant 0 \\ x_{cj}^{k} &\geqslant 0 \end{aligned}\right\} \tag{6-9}$$

6.2　生态优先的水资源合理配置模型参数确定

6.2.1　决策变量描述

将水源分为共用水源(如扬黄水、东山坡引水、固原城乡饮水)和独立水源(如当地地表水和地下水,只能为本区利用)。为不失一般性,先假设区域水资源配置系统有 i 个独立水源、c 个共用水源、k 个子区,每个子区内有 j 个用水户。以 i 水源、c 水源分配到 j 用户的水量 x_{ij}、x_{cj} 作为决策变量,则第 k 子区的决策变量为:

$$X^{(k)} = \begin{bmatrix} x_{11}^1 & x_{21}^1 & \cdots & x_{i1}^1 & \cdots & x_{(i+c)1}^1 \\ x_{12}^2 & x_{22}^2 & \cdots & x_{i2}^2 & \cdots & x_{(i+c)2}^2 \\ x_{1(j-1)}^{(k-1)} & x_{2(j-1)}^{(k-1)} & \cdots & x_{i(j-1)}^{(k-1)} & \cdots & x_{(i+c)(j-1)}^{k-1} \\ x_{1j}^k & x_{2j}^k & \cdots & x_{ij}^k & \cdots & x_{(i+c)j}^k \end{bmatrix}$$

k 为受水区域子(区)系统个数,由此可得,整个受水区域水资源配置系统的决策变量为:

$$X = \begin{bmatrix} x^{(1)} & & & \\ & x^{(2)} & & \\ & & x^{(k-1)} & \\ & & & x^{(k)} \end{bmatrix}$$

受水区域水资源合理配置模型中,子区数为 4 个,共用水源 3 个,各子区有独立水源3 个,用水部门 4 个。

6.2.2　水源供水次序系数 α_i^k、α_c^k

水源供水次序系数 α_i^k 反映了 k 子区水源 i 相对于其他水源供水的优先程度。现将各水源的优先程度转化成 $[0,1]$ 区间上的系数,即供水次序系数。以 n_i^k 表示子区 k 水源 i 的供水次序序号;n_{max}^k 表示子区 k 水源供水次序序号最大值。α_i^k 取值确定可参考下式:

$$\alpha_i^k = \frac{1 + n_{max}^k - n_i^k}{\sum_{i=1}^{i(k)} (1 + n_{max}^k - n_i^k)} \tag{6-10}$$

供水水源一般按如下的供水原则给需水量用户供水:①先用小工程的水,后用大工程的水;②先用自流水,后用蓄水和提水;③先用近处的水,后用远处的水;④先用地表水,后用地下水;⑤先用当地水源,后用公共水源;⑥先用本区域水,后用过境水和外区域调水。根据以上原则确定各区域的供水次序。

彭阳县供水水源次序为:①当地水(地表水、地下水);②中水;③固原城乡饮水。

西吉县供水水源次序为:①当地水(地表水、地下水);②中水;③东山坡引水;④固原城乡饮水。

原州区供水水源次序为:①当地水(地表水、地下水);②中水;③东山坡引水;④固原城乡饮水;⑤扬黄水。

海原受水区域供水水源次序为:①当地水(地表水、地下水);②中水;③固原城乡饮水。根据上述公式及供水次序,确定各区域供水水源供水次序系数如表6-3所示。

表6-3　各区域供水水源供水次序系数

供水区域(县)	彭阳县		西吉县		原州区		海原县	
供水水源	2015 年	2020 年	2015 年	2020 年	2015 年	2020 年	2015 年	2020 年
地表水	0.4	0.33	0.4	0.33	0.33	0.28	0.67	0.5
地下水	0.3	0.27	0.3	0.27	0.27	0.24	0.33	0.33
中水	0.2	0.2	0.2	0.2	0.2	0.19		
东山坡引水	0.1	0.13	0.1	0.13	0.13	0.14		
固原城乡饮水		0.07		0.07		0.09		0.17
扬黄水								

注:2025 年供水次序系数同 2020 年。

6.2.3　用户公平系数 β_i^k、β_c^k

用户公平系数 β_i^k 表示 k 子区内 i 用户相对于其他用户得到供水的优先程度,与用户优先得到供水的次序有关。先根据用户的性质和重要性,确定用户得到供水的次序,然后可参照 α_i^k 的计算公式来确定 β_i^k。

按照本研究"生态环境需水量优先配置"的思路,依据公平性原则,依据第 4 章理论研究部分结合受水区域的实际情况拟定的各用户用水的先后次序为:居民生活需水量、生态环境需水量、工业需水量、农业需水量,参照公式,计算得到各用户的公平系数依次为 0.40、0.30、0.20、0.10。

6.2.4　效益系数 b_{ij}^k 的确定

6.2.4.1　生活用水、生态环境用水的效益

受间接复杂的、多方面因素的影响,很难确定其效益系数。本研究按照生活需水量、生态环境需水量优先满足的配置原则,通过赋予生活用水及生态环境用水相对较大的权值以及用水效益系数来实现。结合受水区域的实际情况,参照邻近地区的取值情况确定。参考陈兴茹、刘树坤《"经济合理的生态用水量"的提出及计算模型(Ⅱ)——应用》(中国水利水电科学研究院水力学研究所),北京 2000 年生态环境用水效益为 47.99 元/m³;同时参考《宁夏好水川流域水土保持坝系水资源优化配置研究》(2011 年)中宁夏隆德县 2015 年赋予生活用水效益系数为 70 元/m³。结合受水区域的实际情况,2015 年取生活用水效益为 70 元/m³,生态环境用水效益略低于生活用水效益为 56 元/m³;考虑用水效益的动态变化,2020 年及 2025 年用水效益系数会略有提高,生活用水效益取 75 元/m³,生态环境用水效益略低于生活用水效益,为 65 元/m³。

6.2.4.2　工业用水的效益系数

工业用水效益的计算方法有多种,各种方法都有它的适用条件和局限性。一般来说,

效益分摊系数法较能综合地反映效益与投入、产出的关系,在理论上比较合理,在实用上比较简便,国内有关单位较多地采用这种方法。效益分摊系数法的一个关键问题是如何确定用水效益分摊系数,在工业效益一定时,用水效益分摊系数愈大,用水效益愈大;反之,则愈小。显然,工业用水效益分摊系数,是一个反映与工业和用水两方面有关的系数,是用水效益准确核算的关键。不同的用水水源,分摊系数是不同的:当取水水源为自来水时,工业供水效益分摊系数可按照5%计算;当供水水源为自备井时,工业用水效益分摊系数可按照4%取值;当以水库、塘坝等水利工程作为取水水源时,工业用水效益分摊系数可按照8%取值。

当资料不足时,可采用以下公式计算:

$$b_{ij}^k = \beta(1/W) \tag{6-11}$$

式中　　β——工业用水效益分摊系数,本研究中工业取水以水利工程作为取水水源,按8%计算;

　　　　W——工业万元产值取水量,$m^3/$万元。

根据式(6-11)计算的受水区域2015水平年及2020水平年工业用水的效益系数分别为13.33 元/m^3、16 元/m^3。2025年变化很小,取值同2020年。

6.2.4.3 农业用水效益系数

农业用水效益系数按灌溉后的农业增产效益乘以水利分摊系数确定,根据调查统计及受水区域社会经济发展和需水量预测研究,受水区域2015年、2020年农业产值分别为327 300 万元、523 680 万元;农业需水量分别为10 279.93 万 m^3、10 332.26 万 m^3,则两个水平年农业用水效益分别为31.84 元/m^3、50.68 元/m^3。同时参考时光宇等根据灌区灌溉试验总站的灌溉试验资料,确定灌溉效益分摊系数为0.131,则农业用水效益系数2015年和2020年分别为4.17 元/m^3、6.64 元/m^3。2025年变化很小,取值同2020年。

6.2.5　费用系数 c_{ij}^k 的确定

(1)从水厂取水的用户以水价作为其费用系数。

(2)从自备井取水的用户以水资源费、污水处理费与提水成本之和作为其费用系数。

(3)从水利工程取水的用户以水资源费、污水处理费与输水成本之和作为其费用系数。

(4)农业用户的费用系数参考水费征收标准确定。

根据受水区域现状年水费征收标准,本次计算中工业用水费用为5.6 元/m^3、农业用水费用自流灌区为0.3 元/m^3、扬黄水灌区为0.5 元/m^3、居民生活用水费用为2.0 元/m^3、生态环境用水费用按自流灌区取值为0.3 元/m^3。各规划水平年维持现状值。

6.2.6　子区权重系数 w_k 的确定

子区权重系数 w_k 是根据子区的影响程度不同而确定的重要性系数。确定权重的方法很多,本研究用层次分析法(Analytic Hierarchy Process,简写为AHP)确定,该方法是一种实用的多准则决策方法,把一个复杂问题表示为有序的递阶层次结构,通过人们的判断,对决策方案的优劣进行排序,它能将决策中的定性和定量因素进行统一处理,具有简洁和系统等优点,很适合在复杂系统中使用。层次分析法的基本做法是:将评价指标两两比较,并用 1~9 标度法(见表6-4)表示,得到判断矩阵,记指标 A_i 相对指标 A_j 的重要性为 a_{ij},则得到重要性矩阵为 A。

表6-4　重要性标度

尺度 a_{ij}	含义
1	A_i 与 A_j 的影响相同
3	A_i 比 A_j 的影响稍强
5	A_i 比 A_j 的影响强
7	A_i 比 A_j 的影响明显得强
9	A_i 比 A_j 的影响绝对得强
2,4,6,8	A_i 与 A_j 的影响之比在上述两相邻等级之间
$1, \dfrac{1}{2}, \cdots, \dfrac{1}{9}$	A_i 与 A_j 的影响之比为上面 a_{ij} 的互反数

由表(6-4)得到层次分析法重要性对比矩阵:

$$A = \begin{bmatrix} a_{11} & a_{12} & \cdots & a_{1n} \\ a_{21} & a_{22} & \cdots & a_{2n} \\ \vdots & \vdots & & \vdots \\ a_{n1} & a_{n2} & \cdots & a_{nn} \end{bmatrix}$$

在构造判断矩阵 A 后,求出判断矩阵 A 的最大特征值,再运用它对应的方程解出相应的特征向量 w,然后将特征向量归一化。最大特征值的求解可采用和法,计算步骤如下:

(1)将 A 的每一列向量归一化得, $\tilde{w}_{ij} = \dfrac{a_{ij}}{\sum\limits_{i=1}^{n} a_{ij}}$。

(2)对 $\tilde{w}_{ij}$ 进行求和得, $\tilde{w}_{ij} = \sum\limits_{j=1}^{n} \tilde{w}_{ij}$。

(3)将 $\tilde{w}_i$ 归一化, $w_i = \dfrac{\tilde{w}_i}{\sum\limits_{j=1}^{n} \tilde{w}_i}$, $w = (w_1, w_2, \cdots, w_n)^{\mathrm{T}}$ 即为近似特征向量。

(4)计算 $\lambda_{\max} = \dfrac{1}{n} \sum\limits_{i=1}^{n} \dfrac{(AW)_i}{w_i}$。

在构造判断矩阵进行两两对比判断时,由于客观事物的复杂性和判断者的主观性、片面性,在构造判断矩阵 A 后,还要进行一致性检验。

一致性指标是指用来衡量判断构造矩阵不一致程度的数量指标,即为 CI,公式如下:

$$CI = \frac{\lambda_{\max} - n}{n - 1} \tag{6-12}$$

式(6-12)中,当 $CI = 0$ 时, A 为一致矩阵; CI 越大, A 的不一致程度越严重。如 CI 不为 0,计算随机一致性指标 RI,公式如下:

$$RI = \frac{\tilde{\lambda}_{\max} - n}{n - 1} \tag{6-13}$$

当随机一致性比例 $CR = \dfrac{CI}{RI} < 0.1$ 时,矩阵 A 的不一致性仍然是可以接受的。否则,调整判断矩阵。

随机一致性指标 RI 的数值如表 6-5 所示。

表 6-5 随机一致性指标 RI 数值

n	1	2	3	4	5	6	7	8	9	10	11
RI	0	0	0.58	0.90	1.12	1.24	1.32	1.41	1.45	1.49	1.51

若共有 s 层,则第 k 层对第 1 层(设只有 1 个因素)的组合权向量满足下式:

$$w^{(k)} = w^{(k)} w^{(k-1)} \quad (k = 3, 4, \cdots, s) \tag{6-14}$$

其中, $W^{(k)}$ 是以第 k 层对第 $k-1$ 层的权向量为列向量组成的矩阵。于是最下层(第 s 层)对最上层的组合权向量为:

$$w^{(s)} = w^{(s)} w^{(s-1)} \cdots w^{(3)} w^{(2)} \tag{6-15}$$

根据以上所述,通过专家根据四个区域社会经济状况及影响程度给四个区域打分,得到原州区、彭阳县、西吉县、海原县四个子区的重要性对比矩阵,如表 6-6 所示。

表 6-6 各子区的重要性对比矩阵

矩阵	原州区	彭阳县	西吉县	海原县
原州区	1	2	3	4
彭阳县	1/2	1	2	2
西吉县	1/3	1/2	1	2
海原县	1/4	1/2	1/2	1

由此计算各指标的权重,根据上述计算确定出原州区、彭阳县、西吉县、海原县的子区权重系数依次为 $w_1 = 0.43$、$w_2 = 0.25$、$w_3 = 0.18$、$w_4 = 0.14$。

6.3 水资源合理配置模型求解

6.3.1 配置模型求解方法

6.3.1.1 大系统分解协调技术

对水资源合理配置模型分析可知,它具有特殊的结构形式:①区域约束块是由所有区域约束条件组成的,各子区域约束之间可认为是独立的;②约束块中各约束条件所涉及的变量最多只与相邻两区域或相关联两区域有关(如共用水源和外调水源约束),因此约束块具有阶梯形结构。对具有这种特殊结构的优化问题,建立分解递阶模型,采用分解协调技术求解是一种比较有效的方法。

在对区域划分的基础上,可分别建立适应于各子区特点的子系统模型,在子区从外部引水量确定的条件下,可寻求合理分配子区内各部门用水,以获得子系统最大效益。子区从共用水源和跨流域水源的引水量,在子区模型中可看作是已知资源条件,而在整个系统中则作为主要的决策变量,除了共用水源和跨流域水源这一约束,其他所有约束条件仅依赖于本区的自然地理和社会经济情况,而与其他子区无关,换言之,在对子区进行优化时,各子区所配置的可利用水资源量是暂定的,这种配置又必须是可行的,既受到可利用水资源总量的制约,又要满足相邻子区之间水量联系的约束条件"对于各子区暂时配置的水资源供水量,应从全区域的观点进行检验和调整",对各子区重新配置水资源,可以有多种优化方案,但它的基本原则是将水资源从综合效益低的区域转移一部分到综合效益高的区域。

先根据大系统理论的分解协调技术,再根据大系统理论的分解协调理论,建立二级递阶多目标优化模型。采用分解 – 协调技术中的模型协调法,将关联约束变量,即区域公用水资源 D 进行预分,产生预分方案 D_c^k,使系统分解为 k 个独立子系统,然后反复协调分配量,最终实现系统综合效益最佳。

水资源优化配置模型的递阶分解协调结构见图 6-1,图中 F_1、F_2、$\cdots$、F_k 分别为不同子区计算总适应度值,X^1、X^2、$\cdots$、X^k 分别为相应的决策变量值。

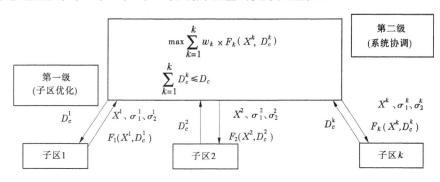

图 6-1　区域水资源优化配置模型的递阶分解协调结构

1. 第一级子区优化

根据受水区域行政区划分,将区域分为 k 个子区。各子区是在第二级给定预分配资源 D_c^k 的前提下进行各子区优化的,子区优化仍是多目标优化,k 个子区的优化模型为:

$$F_k(X^k) = \{f_1^k(X^k), f_2^k(X^k), f_3^k(X^k)\}$$

$$
\left.
\begin{aligned}
&\sum_{j=1}^{j(k)} x_{ij}^k \leqslant D_c^k && (c = 1,2,\cdots,M) \\
&x_{ij}^k \leqslant Q_c^k && (j = 1,2,\cdots,J(k)) \\
&\sum_{j=1}^{j(k)} x_{ij}^k \leqslant W_i^k && (j = 1,2,\cdots,J(k)) \\
&x_{ij}^k \leqslant Q_i^k && (j = 1,2,\cdots,J(k)) \\
&\sum_{j=1}^{j(k)} x_{ij}^k + \sum_{c=1}^{N} x_{ij}^k \leqslant D_{j\max}^k && (j = 1,2,\cdots,J(k)) \\
&\sum_{j=1}^{j(k)} x_{ij}^k + \sum_{c=1}^{N} x_{ij}^k \geqslant D_{j\min}^k && (j = 1,2,\cdots,J(k)) \\
&x_{ij}^k \geqslant 0 \text{、} x_{cj}^k \geqslant 0 && (j = 1,2,\cdots,J(k))
\end{aligned}
\right\}
\tag{6-16}
$$

子区优化仍然是多目标优化模型。

2. 第二级系统协调

第二级协调的任务在于求得公共资源在各子区的最优分配,或者说是协调各子区的局部最优解成为整个区域的最佳均衡解,即求解如下优化问题。

$$
F(X) = \max\left\{ \sum_{k=1}^{k} \left[w_k \times F_k(X^k) \right] \right\}
\tag{6-17}
$$

$$
\left.
\begin{aligned}
&\sum_{k=1}^{k} D_c^k \leqslant D_c && (c = 1,2,\cdots,M) \\
&D_c^k \geqslant 0 && (c = 1,2,\cdots,M; k = 1,2,\cdots,K)
\end{aligned}
\right\}
\tag{6-18}
$$

6.3.1.2 目标逼近法

1. 目标逼近法原理

已知一组目标函数

$$
F(X) = \{ F_1(X), F_2(X), \cdots, F_n(X) \}
\tag{6-19}
$$

期望目标值

$$
F^*(X) = \{ F_1^*(X), F_2^*(X), \cdots, F_n^*(X) \}
\tag{6-20}
$$

运用一定的方法,使设计出来的各个对象的相应指标逼近目标值,也即都在目标期望值附近,两者之间差值的大小可通过设立一个权重系数 $w = (w_1, w_2, \cdots, w_n)$ 来控制。标准形式如下:

$$
\min_{x \in X, r \in R} r
\tag{6-21}
$$

使得下式成立:

$$
F_i(X) - w_i \cdot r \leqslant F_i^* \quad (i = 1,2,\cdots,n)
\tag{6-22}
$$

式(6-22)中引入松弛变量($w_i \cdot r$),使优化结果更能逼近设计目标值,$x \in X$ 表示决策变量满足的约束条件,X 表示原来的约束集。

目标逼近法为解决实际的优化问题提供了一种方便、直观的表达形式,并可以通过采用标准的优化算法加以解决。

在求解多目标优化模型中,如何在搜索过程中选择一个指标函数是非常困难的,因为很难在改进目标函数值和减少不满足约束条件两者之间决定每个指标函数各自的相对重要性。因此,将优化问题改写成如下所示的极小化问题,便可得到一个合适的指标函数。

$$\min_{x \in R^{\Omega}} \max_i (\Lambda_i) \tag{6-23}$$

其中

$$\Lambda_i = \frac{F_i(x) - F_i^*}{W_i} \tag{6-24}$$

对于式(6-20)所示的目标逼近问题,使用序列二次规划(Sequential Quadratic Programming,简写为 SQP)算法,可把式(6-22)作为指标函数:

$$\Psi(x, r) = r + \sum_{i=1}^{\infty} r_i \cdot \max[0, F_i(x) - w_i \cdot r - F_i^*] \tag{6-25}$$

但是,当以式(6-19)作为线性搜索过程的基础时,会出现矛盾,虽然 $\Psi(x, r)$ 在给定的搜索方向上减少了一个步长,但函数 $\max(\Lambda_i)$ 的值反而会增加,有一种解决方法就是设置函数 $\Psi(x, r)$ 为:

$$\Psi(x) = \sum_{i=1}^{m} \begin{cases} r_i^* \max\{0, F_i(x) - w_i^* r - F_i^*\} & (w_i = 0) \\ \max_i (\Lambda_i), \text{其他} \end{cases} \tag{6-26}$$

2. 求子目标的目标值

本书中采用改进的目标逼近法,运用 Matlab 优化工具箱中 fgoalattain 函数进行编程,使多目标优化算法更具有鲁棒性。

在 Matlab 优化工具箱中,fgoalattain 函数可实现上述优化问题的解题思路。fgoalattain 函数的调用格式如下:

$$[X, fval, exitflag, output]$$
$$= fgoalattain(fun, X_0, goal, weight, A, b, Aeq, beq, lb, ub, nonlcon, options)$$

在上式中,X 是求出的最优解;fval 是目标函数在最优解处的函数值;exitflag 是返回算法的终止条件;output 是一个返回算法信息的结构;fun 是目标函数,X_0 是初始向量,goal 是目标值,weight 为权重向量,A、b 满足线性不等式 $A \cdot X \leq b$;Aeq、beq 满足线性等式 $Aeq \cdot X = b$;lb、ub 是解向量的上、下限;nonlcon 是函数名,非线性约束函数定义在该文件中;options 是参数控制向量。

根据对函数 fgoalattain 的引用和多目标优化问题的解题思路,优化函数一般是用来求解目标函数的 $f(x)$ 的极小值情况,对于求解极大值的情况,可以通过求函数 $-f(x)$ 的极小值来实现。

根据求解多目标优化问题的思路及对 fgoalattain 函数的引用,水资源优化配置的求解步骤可归纳为:

(1)构造各子目标函数。

由于 Matlab 优化工具箱中,优化函数都是求解目标函数 $f(x)$ 的极小值,对于极大值问题,可以求 $-f(x)$ 的极小值来实现。

(2)求子目标的目标值。

可以利用 Matlab 优化工具箱中 fmincon 函数求各子分目标 $F_i(X)$ 在约束条件 X 下的

极值 F_i^*，并输出极小值点 X_i^*。如果极小值点 $X_1^* = X_2^* = \cdots = X_n^*$，那么输出最优解为：$X^* = X_i^*(i = 1,2,\cdots,n)$；否则，进行下一步。

（3）计算各子目标在不同极小点处的值。

$F_{ij} = F_i(X_i^*)(i,j = 1,2,\cdots,n)$ 对于每个子目标的 n 个函数值进行排序，找出最大值和最小值，$F_i^* = \min F_i(x) = F_u$，$F_i^\Delta = \max F_i(x)$，$F_i^*$、$F_i^\Delta$ 分别表示各目标的目标值和最劣值。

（4）构造辅助函数，使要求解问题满足 fgoalattain 函数的应用条件。

（5）调用函数 fgoalattain 对要求解问题进行寻优，并输出最优解和函数值 $F = \{F_1, F_2, \cdots, F_n\}$。

（6）计算满意度，比较目标值 F_i^* 和函数值 F，并通过计算函数的满意度和系统整体效益的满意度，对上面最优解进行决策，函数满意度的计算可应用下式：

$$K_i = \min\{(F_i - F_i^\Delta)/(F_i^* - F_i^\Delta),1.0\} \tag{6-27}$$

其中，K_i 是子目标满意度，其他符号的意义同前。

对于整体的满意程度可由各子目标的满意程度进行加权平均计算求解。

（7）当对于所有的目标均表示满意时，输出最优解和目标值，结束寻优过程；当对部分目标表示不满意时，需要调整约束集继续进行寻优，转入步骤（4）。计算的流程如图6-2所示。

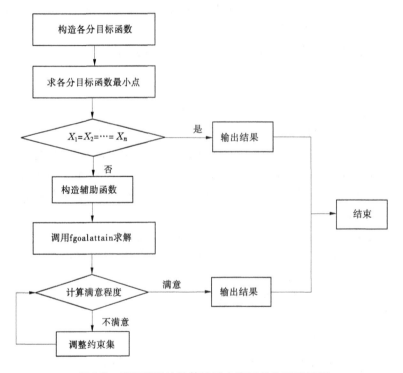

图6-2 目标逼近法计算流域水资源优化配置流程

6.3.2　求解过程

确定决策变量、建立目标函数,在创建约束条件的过程中对区域、水源以及用水户进行编号。本书对 4 个区域、4 个用水户进行统一配水、统一编号。其编号如下:

区域划分编号:①原州区;②西吉县;③彭阳县;④海原县。

水源编号:①地表水;②地下水;③中水;④东山坡引水;⑤固原城乡饮水;⑥扬黄水。

用水户编号:①生活;②生态环境;③工业;④农业。

受水区域水资源优化配置模型是一个多目标线性的优化模型,根据确定的模型目标函数、约束条件,依据区域多水源可供水量及行业需水量,采用目标逼近法借助 Matlab 工具箱,输入相应数据,求解大系统多目标数学模型。对区域近期规划 2015 年平水年($P=50\%$)和枯水年($P=75\%$)、远期规划年 2020 年以及 2025 年的平水年($P=50\%$)和枯水年($P=75\%$)水资源进行合理配置。

根据本书的配水思路,在保证生活用水的前提下,生态环境需水量要优先保证,但考虑到受水区域水资源紧缺的实际情况,初次配置区域生态环境需水量配置量满足最小值的需求,在最小值与适宜值之间尽可能达到最大。根据初次配置结果,当制订水资源规划时,对于水资源量有结余的区域,可通过改变模型的约束条件,使生态环境需水量接近或大于等于适宜值,达到区域生态环境根本上的改善与恢复目的。生态环境需水量包含了最小需水量与适宜需水量。

求解配置模型的运行环境及界面如图 6-3 所示。

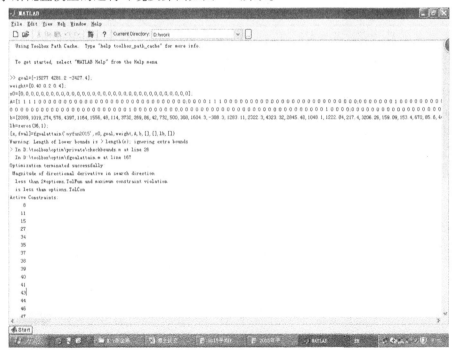

图 6-3　求解配置模型的运行环境及界面

6.3.2.1 近期规划水平年(2015 年)目标函数及约束条件

1.目标函数

$$\max f_1(x) = 4.41X_{11}^1 + 2.99X_{12}^1 + 0.99X_{13}^1 + 0.07X_{14}^1 + 2.45X_{22}^1 + 0.23X_{23}^1 + 0.06X_{24}^1 +$$
$$0.17X_{33}^1 + 1.18X_{42}^1 + 0.11X_{43}^1 + 0.64X_{52}^1 + 0.06X_{53}^1 + 0.01X_{54}^1 + 1.15X_{11}^2 + 0.78X_{12}^2 + 0.02X_{14}^2 +$$
$$0.58X_{22}^2 + 0.01X_{24}^2 + 0.04X_{33}^2 + 0.19X_{42}^2 + 0.02X_{43}^2 + 0.48X_{11}^3 + 0.32X_{12}^3 + 0.01X_{14}^3 + 0.24X_{22}^3 +$$
$$0.02X_{23}^3 + 0.02X_{33}^3 + 0.08X_{42}^3 + 4.16X_{11}^4 + 2.82X_{12}^4 + 0.07X_{14}^4 + 0.13X_{22}^4 + 0.03X_{23}^4 + 0.06X_{33}^4$$

$$\min f_2(x) = (D_1^1 - X_{11}^1) + [D_2^1 - (X_{12}^1 + X_{22}^1 + X_{42}^1 + X_{52}^1)] + [D_3^1 - (X_{13}^1 + X_{23}^1 + X_{33}^1 +$$
$$X_{43}^1 + X_{53}^1)] + [D_4^1 - (X_{14}^1 + X_{24}^1 + X_{54}^1)] + (D_1^2 - X_{11}^2) + [D_2^2 - (X_{12}^2 + X_{22}^2 + X_{42}^2)] +$$
$$[D_3^2 - (X_{33}^2 + X_{43}^2)] + [D_4^2 - (X_{14}^2 + X_{24}^2)] + (D_1^3 - X_{11}^3) + [D_2^3 - (X_{12}^3 + X_{22}^3 + X_{42}^3)] +$$
$$[D_3^3 - (X_{23}^3 + X_{33}^3)] + (D_4^3 - X_{14}^3) + (D_1^4 - X_{11}^4) + [D_2^4 - (X_{12}^4 + X_{22}^4)] + [D_3^4 - (X_{23}^4 + X_{33}^4)] +$$
$$(D_4^4 - X_{14}^4)$$

$$\max f_3(x) = X_{11}^1 + X_{11}^2 + X_{11}^3 + X_{11}^4$$

2.约束条件

2015 年 50%来水条件下、75%来水条件下的约束条件如表6-7、表6-8所示。

表 6-7　2015 年 50% 来水条件下的约束条件

序号	水源可供水量约束	序号	各行业需水量约束
1	$X_{11}^1 + X_{12}^1 + X_{13}^1 + X_{14}^1 \leq W_1^1 = 5\,083$	18	$X_{11}^1 \leq D_{1\max}^1 = 1\,735.98$
2	$X_{22}^1 + X_{23}^1 + X_{24}^1 \leq W_2^1 = 1\,019$	19	$X_{11}^1 \geq D_{1\min}^1 = 317.93$
3	$X_{33}^1 \leq W_3^1 = 274$	20	$X_{12}^1 + X_{22}^1 + X_{42}^1 + X_{52}^1 \leq D_2^1 = 1\,283.11$
4	$X_{42}^1 + X_{43}^1 \leq W_4^1 = 576$	21	$X_{13}^1 + X_{23}^1 + X_{33}^1 + X_{43}^1 + X_{53}^1 \leq D_3^1 = 2\,322.3$
5	$X_{52}^1 + X_{53}^1 + X_{54}^1 \leq W_5^1 = 4\,397$	22	$X_{14}^1 + X_{24}^1 + X_{54}^1 \leq D_4^1 = 4\,323.32$
6	$X_{11}^2 + X_{12}^2 + X_{14}^2 \leq W_1^2 = 1\,164$	23	$X_{11}^2 \leq D_{1\max}^2 = 3\,061.9$
7	$X_{22}^2 + X_{24}^2 \leq W_2^2 = 1\,556$	24	$X_{11}^2 \geq D_{1\min}^2 = 1\,052.1$
8	$X_{33}^2 \leq W_3^2 = 48$	25	$X_{12}^2 + X_{22}^2 + X_{42}^2 \leq D_2^2 = 1\,222.84$
9	$X_{42}^2 + X_{43}^2 \leq W_4^2 = 114$	26	$X_{33}^2 + X_{43}^2 \leq D_3^2 = 217.4$
10	$X_{11}^3 + X_{12}^3 + X_{14}^3 \leq W_1^3 = 3\,732$	27	$X_{14}^2 + X_{24}^2 \leq D_4^2 = 3\,206.26$
11	$X_{22}^3 + X_{23}^3 \leq W_2^3 = 269$	28	$X_{11}^3 \leq D_{1\max}^3 = 161.3$
12	$X_{33}^3 \leq W_3^3 = 86$	29	$X_{11}^3 \geq D_{1\min}^3 = 155.6$
13	$X_{42}^3 \leq W_4^3 = 42$	30	$X_{12}^3 + X_{22}^3 + X_{42}^3 \leq D_2^3 = 670$
14	$X_{42}^1 + X_{43}^1 + X_{42}^2 + X_{43}^2 + X_{42}^3 \leq W_4 = 732$	31	$X_{23}^3 + X_{33}^3 \leq D_3^3 = 85.6$
15	$X_{11}^4 + X_{12}^4 + X_{14}^4 \leq W_1^4 = 500$	32	$X_{14}^3 \leq D_4^3 = 4\,433.49$
16	$X_{22}^4 + X_{23}^4 \leq W_2^4 = 308$	33	$X_{11}^4 \leq D_{1\max}^4 = 934.5$
17	$X_{33}^4 \leq W_3^4 = 46$	34	$X_{11}^4 \geq D_{1\min}^4 = 262.27$
		35	$X_{12}^4 + X_{22}^4 \leq D_2^4 = 476$
		36	$X_{23}^4 + X_{33}^4 \leq D_3^4 = 97$
		37	$X_{14}^4 \leq D_4^4 = 263.77$

表 6-8　2015 年 75% 来水条件下的约束条件

序号	水源可供水量约束	序号	各行业需水量约束
1	$X_{11}^1 + X_{12}^1 + X_{13}^1 + X_{14}^1 \leq W_1^1 = 2\,796$	18	$X_{11}^1 \leq D_{1max}^1 = 1\,735.98$
2	$X_{22}^1 + X_{23}^1 + X_{24}^1 \leq W_2^1 = 1\,019$	19	$X_{11}^1 \geq D_{1min}^1 = 317.93$
3	$X_{33}^1 \leq W_3^1 = 274$	20	$X_{12}^1 + X_{22}^1 + X_{42}^1 + X_{52}^1 \leq D_2^1 = 1\,283.11$
4	$X_{42}^1 + X_{43}^1 \leq W_4^1 = 576$	21	$X_{13}^1 + X_{23}^1 + X_{33}^1 + X_{43}^1 + X_{53}^1 \leq D_3^1 = 2\,322.3$
5	$X_{52}^1 + X_{53}^1 + X_{54}^1 \leq W_5^1 = 4\,397$	22	$X_{14}^1 + X_{24}^1 + X_{54}^1 \leq D_4^1 = 4\,323.32$
6	$X_{11}^2 + X_{12}^2 + X_{14}^2 \leq W_1^2 = 597$	23	$X_{11}^2 \leq D_{1max}^2 = 3\,061.9$
7	$X_{22}^2 + X_{24}^2 \leq W_2^2 = 1\,556$	24	$X_{11}^2 \geq D_{1min}^2 = 1\,052.1$
8	$X_{33}^2 \leq W_3^2 = 48$	25	$X_{12}^2 + X_{22}^2 + X_{42}^2 \leq D_2^2 = 1\,222.84$
9	$X_{42}^2 + X_{43}^2 \leq W_4^2 = 114$	26	$X_{33}^2 + X_{43}^2 \leq D_3^2 = 217.4$
10	$X_{11}^3 + X_{12}^3 + X_{14}^3 \leq W_1^3 = 2\,687$	27	$X_{14}^2 + X_{24}^2 \leq D_4^2 = 3\,206.26$
11	$X_{22}^3 + X_{23}^3 \leq W_2^3 = 269$	28	$X_{11}^3 \leq D_{1max}^3 = 161.3$
12	$X_{33}^3 \leq W_3^3 = 86$	29	$X_{11}^3 \geq D_{1min}^3 = 155.6$
13	$X_{42}^3 \leq W_4^3 = 42$	30	$X_{12}^3 + X_{22}^3 + X_{42}^3 \leq D_2^3 = 670$
14	$X_{42}^1 + X_{43}^1 + X_{42}^2 + X_{43}^2 + X_{42}^3 \leq W_4 = 732$	31	$X_{23}^3 + X_{33}^3 \leq D_3^3 = 85.6$
15	$X_{11}^4 + X_{12}^4 + X_{14}^4 \leq W_1^4 = 500$	32	$X_{14}^3 \leq D_4^3 = 4\,433.49$
16	$X_{22}^4 + X_{23}^4 \leq W_2^4 = 308$	33	$X_{11}^4 \leq D_{1max}^4 = 934.5$
17	$X_{33}^4 \leq W_3^4 = 46$	34	$X_{11}^4 \geq D_{1min}^4 = 262.27$
		35	$X_{12}^4 + X_{22}^4 \leq D_2^4 = 476$
		36	$X_{23}^4 + X_{33}^4 \leq D_3^4 = 97$
		37	$X_{14}^4 \leq D_4^4 = 263.77$

6.3.2.2　远期规划水平年(2020 年、2025 年)目标函数及约束条件

1. 目标函数(2020 年、2025 年)

$\max f_1(x) = 3.74X_{11}^1 + 2.54X_{12}^1 + 0.24X_{13}^1 + 0.06X_{14}^1 + 2.18X_{22}^1 + 0.21X_{23}^1 + 0.05X_{24}^1 + 0.16X_{33}^1 + 1.27X_{42}^1 + 0.12X_{43}^1 + 0.82X_{52}^1 + 0.08X_{53}^1 + 1.36X_{62}^1 + 0.13X_{63}^1 + 0.03X_{64}^1 + 0.95X_{11}^2 + 0.02X_{14}^2 + 0.52X_{22}^2 + 0.01X_{24}^2 + 0.04X_{33}^2 + 0.25X_{42}^2 + 0.14X_{52}^2 + 0.01X_{53}^2 + 0.39X_{11}^3 + 0.27X_{12}^3 + 0.01X_{14}^3 + 0.22X_{22}^3 + 0.02X_{23}^3 + 0.02X_{33}^3 + 0.11X_{42}^3 + 0.06X_{52}^3 + 0.01X_{53}^3 + 3.10X_{11}^4 + 0.15X_{14}^4 + 1.39X_{22}^4 + 0.13X_{23}^4 + 0.06X_{33}^4 + 0.72X_{52}^4$

$\min f_2(x) = (D_1^1 - X_{11}^1) + [D_2^1 - (X_{12}^1 + X_{22}^1 + X_{42}^1 + X_{52}^1 + X_{62}^1)] + [D_3^1 - (X_{13}^1 + X_{23}^1 + X_{33}^1 + X_{43}^1 + X_{53}^1 + X_{63}^1)] + [D_4^1 - (X_{14}^1 + X_{24}^1 + X_{64}^1)] + (D_1^2 - X_{11}^2) + [D_2^2 - (X_{22}^2 + X_{42}^2 + X_{52}^2)] + [D_3^2 - (X_{33}^2 + X_{53}^2)] + [D_4^2 - (X_{14}^2 + X_{24}^2)] + (D_1^3 - X_{11}^3) + [D_2^3 - (X_{12}^3 + X_{22}^3 + X_{42}^3 + X_{52}^3)] + [D_3^3 - (X_{23}^3 + X_{33}^3 + X_{53}^3)] + (D_4^3 - X_{14}^3) + (D_1^4 - X_{11}^4) + [D_2^4 - (X_{22}^4 + X_{52}^4)] + [D_3^4 - (X_{23}^4 +$

· 97 ·

$$X_{33}^3)] + (D_4^4 - X_{14}^4)$$

$$\max f_3(x) = X_{11}^1 + X_{11}^2 + X_{11}^3 + X_{11}^4$$

2. 约束条件

2020 年 50% 来水条件下,75% 来水条件下的约束条件分别如表 6-9、表 6-10 所示,2025 年 50% 来水条件下,75% 条件下的约束条件分别如表 6-11、表 6-12 所示。

表 6-9 2020 年 50% 来水条件下的约束条件

序号	水源可供水量约束	序号	各行业需水量约束
1	$X_{11}^1 + X_{12}^1 + X_{13}^1 + X_{14}^1 \leqslant W_1^1 = 5\,684$	23	$X_{11}^1 \leqslant D_{1max}^1 = 1\,766.03$
2	$X_{22}^1 + X_{23}^1 + X_{24}^1 \leqslant W_2^1 = 1\,019$	24	$X_{11}^1 \geqslant D_{1min}^1 = 323.58$
3	$X_{33}^1 \leqslant W_3^1 = 274$	25	$X_{12}^1 + X_{22}^1 + X_{42}^1 + X_{52}^1 + X_{62}^1 \leqslant D_2^1 = 1\,443.92$
4	$X_{42}^1 + X_{43}^1 \leqslant W_4^1 = 400$	26	$X_{13}^1 + X_{23}^1 + X_{33}^1 + X_{43}^1 + X_{53}^1 + X_{63}^1 \leqslant D_3^1 = 4\,813.7$
5	$X_{52}^1 + X_{53}^1 \leqslant W_5^1 = 847$	27	$X_{14}^1 + X_{24}^1 + X_{64}^1 \leqslant D_4^1 = 4\,333.18$
6	$X_{62}^1 + X_{63}^1 + X_{64}^1 \leqslant W_6^1 = 4\,397$	28	$X_{11}^2 \leqslant D_{1max}^2 = 3\,061.97$
7	$X_{11}^2 + X_{14}^2 \leqslant W_1^2 = 1\,576$	29	$X_{11}^2 \geqslant D_{1min}^2 = 1\,052.12$
8	$X_{22}^2 + X_{24}^2 \leqslant W_2^2 = 1\,556$	30	$X_{22}^2 + X_{42}^2 + X_{52}^2 \leqslant D_2^2 = 1\,451.37$
9	$X_{33}^2 \leqslant W_3^2 = 48$	31	$X_{33}^2 + X_{53}^2 \leqslant D_3^2 = 300.2$
10	$X_{42}^2 \leqslant W_4^2 = 114$	32	$X_{14}^2 + X_{24}^2 \leqslant D_4^2 = 3\,224.59$
11	$X_{52}^2 + X_{53}^2 \leqslant W_5^2 = 790$	33	$X_{11}^3 \leqslant D_{1max}^3 = 162.1$
12	$X_{11}^3 + X_{12}^3 + X_{14}^3 \leqslant W_1^3 = 4\,744.50$	34	$X_{11}^3 \geqslant D_{1min}^3 = 156.41$
13	$X_{22}^3 + X_{23}^3 \leqslant W_2^3 = 269$	35	$X_{12}^3 + X_{22}^3 + X_{42}^3 + X_{52}^3 \leqslant D_2^3 = 788.84$
14	$X_{33}^3 \leqslant W_3^3 = 151$	36	$X_{23}^3 + X_{33}^3 + X_{53}^3 \leqslant D_3^3 = 172.5$
15	$X_{42}^3 \leqslant W_4^3 = 218$	37	$X_{14}^3 \leqslant D_4^3 = 4\,450.32$
16	$X_{42}^1 + X_{43}^1 + X_{42}^2 + X_{42}^3 \leqslant W_4 = 732$	38	$X_{11}^4 \leqslant D_{1max}^4 = 964.2$
17	$X_{52}^3 + X_{53}^3 \leqslant W_5^3 = 790$	39	$X_{11}^4 \geqslant D_{1min}^4 = 281.32$
18	$X_{11}^4 + X_{14}^4 \leqslant W_1^4 = 1\,000$	40	$X_{22}^4 + X_{52}^4 \leqslant D_2^4 = 557.57$
19	$X_{22}^4 + X_{23}^4 \leqslant W_2^4 = 308$	41	$X_{23}^4 + X_{33}^4 \leqslant D_3^4 = 146.3$
20	$X_{33}^4 \leqslant W_3^4 = 82$	42	$X_{14}^4 \leqslant D_4^4 = 271.07$
21	$X_{52}^4 \leqslant W_5^4 = 492$		
22	$X_{52}^1 + X_{53}^1 + X_{52}^2 + X_{53}^2 + X_{52}^3 +$ $X_{53}^3 + X_{52}^4 \leqslant W_5 = 3\,721$		

表 6-10　2020 年 75% 来水条件下的约束条件

序号	水源可供水量约束	序号	各行业需水量约束
1	$X_{11}^1 + X_{12}^1 + X_{13}^1 + X_{14}^1 \leqslant W_1^1 = 3\ 126.59$	23	$X_{11}^1 \leqslant D_{1\max}^1 = 1\ 766.03$
2	$X_{22}^1 + X_{23}^1 + X_{24}^1 \leqslant W_2^1 = 1\ 019$	24	$X_{11}^1 \geqslant D_{1\min}^1 = 323.58$
3	$X_{33}^1 \leqslant W_3^1 = 274$	25	$X_{12}^1 + X_{22}^1 + X_{42}^1 + X_{52}^1 + X_{62}^1 \leqslant D_2^1 = 1\ 443.92$
4	$X_{42}^1 + X_{43}^1 \leqslant W_4^1 = 400$	26	$X_{13}^1 + X_{23}^1 + X_{33}^1 + X_{43}^1 + X_{53}^1 + X_{63}^1 \leqslant D_3^1 = 4\ 813.7$
5	$X_{52}^1 + X_{53}^1 \leqslant W_5^1 = 847$	27	$X_{14}^1 + X_{24}^1 + X_{64}^1 \leqslant D_4^1 = 4\ 333.18$
6	$X_{62}^1 + X_{63}^1 + X_{64}^1 \leqslant W_6^1 = 4\ 397$	28	$X_{11}^2 \leqslant D_{1\max}^2 = 3\ 061.97$
7	$X_{11}^2 + X_{14}^2 \leqslant W_1^2 = 977.5$	29	$X_{11}^2 \geqslant D_{1\min}^2 = 1\ 052.12$
8	$X_{22}^2 + X_{24}^2 \leqslant W_2^2 = 1\ 556$	30	$X_{22}^2 + X_{42}^2 + X_{52}^2 \leqslant D_2^2 = 1\ 451.37$
9	$X_{33}^2 \leqslant W_3^2 = 48$	31	$X_{33}^2 + X_{53}^2 \leqslant D_3^2 = 300.2$
10	$X_{42}^2 \leqslant W_4^2 = 114$	32	$X_{14}^2 + X_{24}^2 \leqslant D_4^2 = 3\ 224.59$
11	$X_{52}^2 + X_{53}^2 \leqslant W_5^2 = 790$	33	$X_{11}^3 \leqslant D_{1\max}^3 = 162.1$
12	$X_{11}^3 + X_{12}^3 + X_{14}^3 \leqslant W_1^3 = 3\ 431.76$	34	$X_{11}^3 \geqslant D_{1\min}^3 = 156.41$
13	$X_{22}^3 + X_{23}^3 \leqslant W_2^3 = 269$	35	$X_{12}^3 + X_{22}^3 + X_{42}^3 + X_{52}^3 \leqslant D_2^3 = 788.84$
14	$X_{33}^3 \leqslant W_3^3 = 151$	36	$X_{23}^3 + X_{33}^3 + X_{53}^3 \leqslant D_3^3 = 172.5$
15	$X_{42}^3 \leqslant W_4^3 = 218$	37	$X_{14}^3 \leqslant D_4^3 = 4\ 450.32$
16	$X_{42}^1 + X_{43}^1 + X_{42}^2 + X_{42}^3 \leqslant W_4 = 732$	38	$X_{11}^4 \leqslant D_{1\max}^4 = 964.2$
17	$X_{52}^3 + X_{53}^3 \leqslant W_5^3 = 790$	39	$X_{11}^4 \geqslant D_{1\min}^4 = 281.32$
18	$X_{11}^4 + X_{14}^4 \leqslant W_1^4 = 1\ 000$	40	$X_{22}^4 + X_{52}^4 \leqslant D_2^4 = 557.57$
19	$X_{22}^4 + X_{23}^4 \leqslant W_2^4 = 308$	41	$X_{23}^4 + X_{33}^4 \leqslant D_3^4 = 146.3$
20	$X_{33}^4 \leqslant W_3^4 = 82$	42	$X_{14}^4 \leqslant D_4^4 = 271.07$
21	$X_{52}^4 \leqslant W_5^4 = 492$		
22	$X_{52}^1 + X_{53}^1 + X_{52}^2 + X_{53}^2 +$ $X_{52}^3 + X_{53}^3 + X_{52}^4 \leqslant W_5 = 3\ 721$		

表 6-11　2025 年 50% 来水条件下的约束条件

序号	水源可供水量约束	序号	各行业需水量约束
1	$X_{11}^1 + X_{12}^1 + X_{13}^1 + X_{14}^1 \leq W_1^1 = 5\,684$	23	$X_{11}^1 \leq D_{1\max}^1 = 1\,766.03$
2	$X_{22}^1 + X_{23}^1 + X_{24}^1 \leq W_2^1 = 1\,019$	24	$X_{11}^1 \geq D_{1\min}^1 = 323.58$
3	$X_{33}^1 \leq W_3^1 = 274$	25	$X_{12}^1 + X_{22}^1 + X_{42}^1 + X_{52}^1 + X_{62}^1 \leq D_2^1 = 1\,650.69$
4	$X_{42}^1 + X_{43}^1 \leq W_4^1 = 400$	26	$X_{13}^1 + X_{23}^1 + X_{33}^1 + X_{43}^1 + X_{53}^1 + X_{63}^1 \leq D_3^1 = 4\,744.10$
5	$X_{52}^1 + X_{53}^1 \leq W_5^1 = 847$	27	$X_{14}^1 + X_{24}^1 + X_{64}^1 \leq D_4^1 = 4\,333.18$
6	$X_{62}^1 + X_{63}^1 + X_{64}^1 \leq W_6^1 = 4\,397$	28	$X_{11}^2 \leq D_{1\max}^2 = 3\,061.97$
7	$X_{11}^2 + X_{14}^2 \leq W_1^2 = 1\,576$	29	$X_{11}^2 \geq D_{1\min}^2 = 1\,052.12$
8	$X_{22}^2 + X_{24}^2 \leq W_2^2 = 1\,556$	30	$X_{22}^2 + X_{42}^2 + X_{52}^2 \leq D_2^2 = 1\,685.63$
9	$X_{33}^2 \leq W_3^2 = 48$	31	$X_{33}^2 + X_{53}^2 \leq D_3^2 = 368$
10	$X_{42}^2 \leq W_4^2 = 114$	32	$X_{14}^2 + X_{24}^2 \leq D_4^2 = 3\,224.59$
11	$X_{52}^2 + X_{53}^2 \leq W_5^2 = 790$	33	$X_{11}^3 \leq D_{1\max}^3 = 162.1$
12	$X_{11}^3 + X_{12}^3 + X_{14}^3 \leq W_1^3 = 4\,744.50$	34	$X_{11}^3 \geq D_{1\min}^3 = 156.41$
13	$X_{22}^3 + X_{23}^3 \leq W_2^3 = 269$	35	$X_{12}^3 + X_{22}^3 + X_{42}^3 + X_{52}^3 \leq D_2^3 = 910.75$
14	$X_{33}^3 \leq W_3^3 = 151$	36	$X_{23}^3 + X_{33}^3 + X_{53}^3 \leq D_3^3 = 317.4$
15	$X_{42}^{\,3} \leq W_4^3 = 218$	37	$X_{14}^3 \leq D_4^3 = 4\,450.32$
16	$X_{42}^1 + X_{43}^1 + X_{42}^2 + X_{42}^3 \leq W_4 = 732$	38	$X_{11}^4 \leq D_{1\max}^4 = 964.2$
17	$X_{52}^3 + X_{53}^3 \leq W_5^3 = 790$	39	$X_{11}^4 \geq D_{1\min}^4 = 281.32$
18	$X_{11}^4 + X_{14}^4 \leq W_1^4 = 1\,000$	40	$X_{22}^4 + X_{52}^4 \leq D_2^4 = 653.7$
19	$X_{22}^4 + X_{23}^4 \leq W_2^4 = 308$	41	$X_{23}^4 + X_{33}^4 \leq D_3^4 = 178.8$
20	$X_{33}^4 \leq W_3^4 = 126$	42	$X_{14}^4 \leq D_4^4 = 271.07$
21	$X_{52}^4 \leq W_5^4 = 492$		
22	$X_{52}^1 + X_{53}^1 + X_{52}^2 + X_{53}^2 + X_{52}^3 + X_{53}^3 + X_{52}^4 \leq W_5 = 3\,721$		

表6-12　2025 年75%来水条件下的约束条件

序号	水源可供水量约束	序号	各行业需水量约束
1	$X_{11}^1 + X_{12}^1 + X_{13}^1 + X_{14}^1 \leqslant W_1^1 = 3\,126.59$	23	$X_{11}^1 \leqslant D_{1max}^1 = 1\,766.03$
2	$X_{22}^1 + X_{23}^1 + X_{24}^1 \leqslant W_2^1 = 1\,019$	24	$X_{11}^1 \geqslant D_{1min}^1 = 323.58$
3	$X_{33}^1 \leqslant W_3^1 = 274$	25	$X_{12}^1 + X_{22}^1 + X_{42}^1 + X_{52}^1 + X_{62}^1 \leqslant D_2^1 = 1\,650.69$
4	$X_{42}^1 + X_{43}^1 \leqslant W_4^1 = 400$	26	$X_{13}^1 + X_{23}^1 + X_{33}^1 + X_{43}^1 + X_{53}^1 + X_{63}^1 \leqslant D_3^1 = 4\,744.10$
5	$X_{52}^1 + X_{53}^1 \leqslant W_5^1 = 847$	27	$X_{14}^1 + X_{24}^1 + X_{64}^1 \leqslant D_4^1 = 4\,333.18$
6	$X_{62}^1 + X_{63}^1 + X_{64}^1 \leqslant W_6^1 = 4\,397$	28	$X_{11}^2 \leqslant D_{1max}^2 = 3\,061.97$
7	$X_{11}^2 + X_{14}^2 \leqslant W_1^2 = 1\,576$	29	$X_{11}^2 \geqslant D_{1min}^2 = 1\,052.12$
8	$X_{22}^2 + X_{24}^2 \leqslant W_2^2 = 597$	30	$X_{22}^2 + X_{42}^2 + X_{52}^2 \leqslant D_2^2 = 1\,685.63$
9	$X_{33}^2 \leqslant W_3^2 = 48$	31	$X_{33}^2 + X_{53}^2 \leqslant D_3^2 = 368$
10	$X_{42}^2 \leqslant W_4^2 = 114$	32	$X_{14}^2 + X_{24}^2 \leqslant D_4^2 = 3\,224.59$
11	$X_{52}^2 + X_{53}^2 \leqslant W_5^2 = 790$	33	$X_{11}^3 \leqslant D_{1max}^3 = 162.1$
12	$X_{11}^3 + X_{12}^3 + X_{14}^3 \leqslant W_1^3 = 3\,431.76$	34	$X_{11}^3 \geqslant D_{1min}^3 = 156.41$
13	$X_{22}^3 + X_{23}^3 \leqslant W_2^3 = 269$	35	$X_{12}^3 + X_{22}^3 + X_{42}^3 + X_{52}^3 \leqslant D_2^3 = 910.75$
14	$X_{33}^3 \leqslant W_3^3 = 151$	36	$X_{23}^3 + X_{33}^3 + X_{53}^3 \leqslant D_3^3 = 317.4$
15	$X_{42}^3 \leqslant W_4^3 = 218$	37	$X_{14}^3 \leqslant D_4^3 = 4\,450.32$
16	$X_{42}^1 + X_{43}^1 + X_{42}^2 + X_{42}^3 \leqslant W_4 = 732$	38	$X_{11}^4 \leqslant D_{1max}^4 = 964.2$
17	$X_{52}^3 + X_{53}^3 \leqslant W_5^3 = 790$	39	$X_{11}^4 \geqslant D_{1min}^4 = 281.32$
18	$X_{11}^4 + X_{14}^4 \leqslant W_1^4 = 1\,000$	40	$X_{22}^4 + X_{52}^4 \leqslant D_2^4 = 653.7$
19	$X_{22}^4 + X_{23}^4 \leqslant W_2^4 = 308$	41	$X_{23}^4 + X_{33}^4 \leqslant D_3^4 = 178.8$
20	$X_{33}^4 \leqslant W_3^4 = 126$	42	$X_{14}^4 \leqslant D_4^4 = 271.07$
21	$X_{52}^4 \leqslant W_5^4 = 492$		
22	$X_{52}^1 + X_{53}^1 + X_{52}^2 + X_{53}^2 + X_{52}^3 + X_{53}^3 + X_{52}^4 \leqslant W_5 = 3\,721$		

6.3.3　配置结果及分析

6.3.3.1　配置结果

根据确定的模型目标函数、约束条件,借助 MATLAB 工具箱,输入相应数据,求解大系统多目标数学模型,得到的配置结果见表6-13～表6-18。

表6-13 2015年 P=50%水资源合理配置结果

县（区）	需水量项目	年总需水量（万 m³）	可供水量（万 m³）						供需平衡		
			地表水	地下水	中水	东山坡引水	扬黄水	总计	余水（万 m³）	缺水（万 m³）	缺水率（%）
原州区	生活需水量	1 283.1	264.1	1 019.0	0.0	0.0	0.0	1 283.1	0.0	0.0	0.0
	生态需水量	317.9（1 736.0）	1 736.0	0.0	0.0	0.0	0.0	1 736.0	0.0	0.0	0.0
	工业需水量	2 322.3	220.6	0.0	274.0	576.0	1 251.7	2 322.3	0.0	0.0	0.0
	农业需水量	4 323.3	2 862.3	0.0	0.0	0.0	1 461.0	4 323.3	0.0	0.0	0.0
	合　计		5 083.0	1 019.0	274.0	576.0	2 712.7	9 664.7	0.0	0.0	
西吉县	生活需水量	1 222.8	359.0	1 039.9	0.0	28.0	0.0	1 067.9	0.0	154.9	12.6
	生态需水量	1 051.1（2 942.9）	692.5	0.0	0.0	0.0	0.0	692.5	0.0	358.6	34.1
	工业需水量	217.4	0.0	0.0	48	86.0	0.0	134.0	0.0	83.4	38.3
	农业需水量	3 206.3	471.5	516.1	0.0	0.0	0.0	987.6	0.0	2 218.7	69.1
	合　计		1 164.0	1 556.0	48.0	114.0	0.0	2 882.0	0.0		
彭阳县	生活需水量	670.0	359.0	269.0	0.0	42.0	0.0	670.0	0.0	0.0	0.0
	生态需水量	155.6（161.3）	159.0	0.0	0.0	0.0	0.0	159.0	0.0	0.0	0.0
	工业需水量	85.6	0.0	0.0	86.0	0.0	0.0	86.0	0.0	0.0	0.0
	农业需水量	4 433.5	3 214.0	0.0	0.0	0.0	0.0	3 214.0	0.0	1 219.5	27.5
	合　计		3 732.0	269.0	86.0	42.0	0.0	4 129.0	0.0		
海原县	生活需水量	476.0	182.0	294.0	0.0	0.0	0.0	476.0	0.0	0.0	0.0
	生态需水量	262.3	262.3	0.0	0.0	0.0	0.0	262.3	0.0	0.0	0.0
	工业需水量	97.0	0.0	14.0	46.0	0.0	0.0	60.0	0.0	37.0	38.1
	农业需水量	263.8	55.7	0.0	0.0	0.0	0.0	55.7	0.0	208.1	78.9
	合　计		500.0	308.0	46.0	0.0	0.0	854.0	0.0		

注：表中"工业需水量"即为"生态环境需水量"，下同。

表6-14 2015年 P=75%水资源合理配置结果

县(区)	需水量项目	年总需水量(万m³)	可供水量(万m³)						余水(万m³)	供需平衡	
			地表水	地下水	中水	东山坡引水	扬黄水	总计		缺水(万m³)	缺水率(%)
原州区	生活需水量	1283.2	381.2	0.0	0.0	69.0	833.1	1283.3	0.0	0.0	0.0
	生态需水量	317.9 (1736.0)	1131.4	0.0	0.0	0.0	0.0	1131.4	0.0	0.0	0.0
	工业需水量	2322.3	0.0	0.0	274.0	507.0	1543.0	2322.2	0.0	0.0	0.0
	农业需水量	4323.3	1283.4	1019.0	0.0	0.0	2020.9	4323.3	0.0	0.0	0.0
	合　计		2796.0	1019.0	274.0	576.0	4397.0	9060.2			
西吉县	生活需水量	1222.8	0.0	870.9	0.0	58.0	0.0	928.9	0.0	-293.9	24.0
	生态需水量	1051.1 (2942.9)	597.0	0.0	0.0	0.0	0.0	597.0	0.0	-455.1	43.0
	工业需水量	217.4	0.0	0.0	48.0	56.0	0.0	104.0	0.0	-113.4	52.2
	农业需水量	3206.3	0.0	685.1	0.0	0.0	0.0	685.1		-2521.2	78.6
	合　计		597.0	1556.0	48.0	114.0	0.0	2315.0			
彭阳县	生活需水量	670.0	353.0	269.0	0.0	48.0	0.0	670.0	0.0	0.0	0.0
	生态需水量	155.6 (161.3)	158.0	0.0	0.0	0.0	0.0	158.0	0.0	0.0	0.0
	工业需水量	86.0	0.0	0.0	86.0	0.0	0.0	86.0	0.0	0.0	0.0
	农业需水量	4433.5	2175.0	0.0	0.0	0.0	0.0	2175.0	0.0	-2258.5	50.9
	合　计		2686.0	269.0	86.0	48.0	0	3089.0			
海原县	生活需水量	476.0	182.0	294.0	0.0	0.0	0.0	476.0	0.0	0.0	0.0
	生态需水量	262.3 (934.5)	262.3	0.0	0.0	0.0	0.0	262.3	0.0	0.0	0.0
	工业需水量	97.0	0.0	14.0	46.0	0.0	0.0	60.0	0.0	37.0	38.1
	农业需水量	263.8	55.7	0.0	0.0	0.0	0.0	55.7	0.0	208.1	78.9
	合　计	982.3	500.0	308.0	46.0	0.0	0.0	854.0			

表 6-15　2020 年 P=50%水资源合理配置结果

县(区)	需水量项目	年总需水量(万 m³)	可供水量(万 m³) 地表水	地下水	中水	东山坡引水	固原城乡引水	扬黄水	总计	供需平衡 余水(万 m³)	缺水(万 m³)	缺水率(%)
原州区	生活需水量	1 443.9	0.0	0.0	0.0	230.0	437.0	776.9	1 443.9	0.0	0.0	0.0
	生态需水量	323.6 (1 766.0)	1 762.8	0.0	0.0	0.0	0.0	0.0	1 762.8	0.0	0.0	0.0
	工业需水量	4 813.7	1 659.0	483.7	274.0	170.0	410.0	1 817.0	4 813.7	0.0	0.0	0.0
	农业需水量	4 333.2	2 257.2	535.3	0.0	0.0	0.0	1 540.7	4 333.2	0.0	0.0	0.0
	合　计		5 684.0	1 019.0	274.0	400.0	847.0	4 134.6	12 353.6			
西吉县	生活需水量	1 451.4	0.0	0.0	0.0	82.0	1 370.0	0.0	1 452.0	0.0	0.0	0.0
	生态需水量	1 052.1 (3 061.9)	1 053.5	0.0	0.0	0.0	0.0	0.0	1 053.5	0.0	0.0	0.0
	工业需水量	300.2	0.0	0.0	48.0	32.0	220.0	0.0	300.0	0.0	0.0	0.0
	农业需水量	3 224.6	522.9	1 556.0	48.0	114.0	1 590.0	0.0	2 078.9	0.0	1 145.7	35.5
	合　计		1 576.0	1 556.0	48.0	114.0	1 590.0	0.0	4 884.0			
彭阳县	生活需水量	788.8	134.7	247.5		218.0	188.7	0.0	788.9	0.0	0.0	0.0
	生态需水量	156.4 (162.1)	159.1		151.0			0.0	159.1	0.0	0.0	0.0
	工业需水量	172.5		21.5			0	0.0	172.5	0.0	0.0	0.0
	农业需水量	4 450.3	4 450.3					0.0	4 450.3	0.0	0.0	0.0
	合　计		4 744.1	269.0	151.0	218.0	188.7	0.0	5 570.8			
海原县	生活需水量	557.6	0.0	65.6	0.0	0.0	492.0	0.0	557.6	0.0	0.0	0.0
	生态需水量	281.3 (964.2)	728.0	0.0	0.0	0.0	0.0	0.0	728.0	0.0	0.0	0.0
	工业需水量	146.3	0.0	64.3	82.0	0.0	0.0	0.0	146.3	0.0	0.0	0.0
	农业需水量	272.0	0.0	0.0	0.0	0.0	0.0	0.0	272.0	0.0	0.0	0.0
	合　计		1 000	129.9	82.0	492.0		0.0	1 699.9			

表6-16　2020年 P=75%水资源合理配置结果

县(区)	需水量项目	年总需水量(万 m³)	可供水量(万 m³)							供需平衡		
			地表水	地下水	中水	东山坡引水	固原城乡引水	扬黄水	总计	余水(万 m³)	缺水(万 m³)	缺水率(%)
原州区	生活需水量	1 443.9	144.4	296.4	0.0	52.0	622.0	330.0	1 443.9	0.0	0.0	0.0
	生态需水量	323.6 (1 766.0)	1 205.4	0.0	0.0	0.0	0.0	0.0	1 205.4	0.0	0.0	0.0
	工业需水量	4 813.7	551.7	362.1	274.0	348.0	225.0	2 338.0	4 098.8	0.0	714.9	14.9
	农业需水量	4 333.2	1 225.1	360.6	0.0	0.0	0.0	1 729.0	3 314.7	0.0	1 018.4	23.5
	合　计	10 062.8	3 126.6	1 019	274.0	400.0	847.0	4 397.0	10 062.8	0.0		
西吉县	生活需水量	1 451.4	0.0	0.0	0.0	82.0	1 370.0	0.0	1 451.4	0.0	0.0	0.0
	生态需水量	1 052.1 (3 061.9)	1 058.0	0.0	0.0	0.0	0.0	0.0	1 058.0	0.0	0.0	0.0
	工业需水量	300.2	0.0	0.0	48.0	32.0	220.0	0.0	300.0	0.0	0.0	0.0
	农业需水量	3 224.6	319.6	1 556.0		114.0	0.0	0.0	1 875.6	0.0	1 348.9	41.8
	合　计		1 377.6	1 556.0	48.0	114.0	1 590.0	0.0	4 685.6	0.0		
彭阳县	生活需水量	788.84	0.0	247.5	0.0	218.0	323.4	0.0	788.9	0.06	0.0	0.0
	生态需水量	156.4 (162.1)	159.1	0.0	0.0	0.0	0.0	0.0	159.1	5.7	0.0	0.0
	工业需水量	172.5	0.0	21.5	86.0	0.0	65.0	0.0	172.5	0.0	0.0	0.0
	农业需水量	4 450.32	4 152.7	0.0	0.0	0.0	0.0	0.0	4 152.7	0.0	297.62	6.7
	合　计		4 311.8	269.0	86.0	218.0	388.4	0.0	5 273.2	0.0		
海原县	生活需水量	557.6	0.0	65.6	0.0	0.0	492.0	0.0	557.6	0.0	0.0	0.0
	生态需水量	281.3 (964.2)	728.0	0.0	0.0	0.0	0.0	0.0	728.0	0.0	0.0	0.0
	工业需水量	146.3	0.0	64.3	82	0.0	0.0	0.0	146.3	0.0	0.0	0.0
	农业需水量	271.1	272.0	0.0	0.0	0.0	0.0	0.0	272.0	0.0	0.0	0.0
	合　计		1 000	129.9	82.0	0.0	492.0	0.0	1 703.9	0.0	0.0	0.0

表6-17　2025年 P=50%水资源合理配置结果

县(区)	需水量项目	年总需水量(万m³)	可供水量(万m³)							供需平衡		
			地表水	地下水	中水	东山坡引水	固原城乡引水	扬黄水	总计	余水(万m³)	缺水(万m³)	缺水率(%)
原州区	生活需水量	1 650.7	0.0	0.0	0.0	230.0	643.7	777.0	1 650.7	0.0	0.0	0.0
	生态需水量	323.6 (1 766.0)	1 762.8	0.0	0.0	0.0	0.0	0.0	1 762.8	0.0	0.0	0.0
	工业需水量	4 744.1	1 801.1	483.7	274.0	170	203.3	1 812.0	4 744.1	0.0	0.0	0.0
	农业需水量	4 333.2	2 120.1	535.3	0.0	0.0	0.0	1 677.8	4 333.2	0.0	0.0	0.0
	合　计		5 684.0	1 019.0	274.0	400.0	847.0	4265.8	12 490.8			0.0
西吉县	生活需水量	1 686.0	0.0	0.0	0.0	96.0	1 590.0	0.0	1 686.0	0.0	0.0	0.0
	生态需水量	1 052.1 (3 061.9)	1 053.1	0.0	0.0	0.0	0.0	0.0	1 053.1	0.0	0.0	0.0
	工业需水量	368.0	131.0	0.0	219.0	18.0	0.0	0.0	368.0	0.0	0.0	0.0
	农业需水量	3 224.6	391.9	1 556.0	0.0	114.0	0.0	0.0	1 947.9	0.0	1 276.7	39.6
	合　计		1 576.0	1 556.0	219.0	114.0	1 590.0	0.0	5 055.0			0.0
彭阳县	生活需水量	910.57	135.1	95.0	0.0	200.1	480.4	0.0	910.6	0.0	0.0	0.0
	生态需水量	156.4 (162.1)	159.1	0.0	0.0	0.0	0.0	0.0	159.1	0.0	0.0	0.0
	工业需水量	317.4	0.0	128.4	189.0	0.0	0.0	0.0	317.4	0.0	0.0	0.0
	农业需水量	4 450.3	4 450.3	0.0	0.0	0.0	0.0	0.0	4 450.3	0.0	0.0	0.0
	合　计		4 744.5	223.4	189.0	200.1	480.4	0.0	5 837.4			0.0
海原县	生活需水量	653.7	0.0	161.7	0.0	0.0	492.0	0.0	653.7	0.0	0.0	0.0
	生态需水量	281.3 (964.2)	822.4.0	0.0	0.0	0.0	0.0	0.0	822.4	0.0	0.0	0.0
	工业需水量	178.8	0.0	52.8	126.0	0.0	0.0	0.0	178.8	0.0	0.0	0.0
	农业需水量	271.1	177.6	93.5	0.0	0.0	0.0	0.0	271.1	0.0	0.0	0.0
	合　计		1 000.0	308.0	126.0	0.0	492.0	0.0	1 926.0			

表 6-18　2025 年 P=75%水资源合理配置结果

县(区)	需水量项目	年总需水量(万m³)	可供水量(万m³)							供需平衡		
			地表水	地下水	中水	东山坡引水	固原城乡引水	扬黄水	总计	余水(万m³)	缺水(万m³)	缺水率(%)
原州区	生活需水量	1 650.7	50.6	118.8	0.0	23.3	502.0	956.0	1 650.7	0.0	0.0	0.0
	生态需水量	323.6 (1 766.0)	458.6	0.0	0.0	0.0	0.0	0.0	458.6	0.0	0.0	0.0
	工业需水量	4 744.1	924.8	449.9	274.0	376.7	345.0	1 720.0	4 090.4	0.0	653.7	13.7
	农业需水量	4 333.2	1 692.6	450.3	0.0	0.0	0.0	1 721.0	3 863.9	0.0	469.1	10.8
	合　计		3 126.6	1 019.0	274.0	400.0	847.0	4 397.0		0.0	0.0	
西吉县	生活需水量	1 685.6	0.0	118.0	0.0	114.0	1 453.6	0.0	1 685.6	0.0	0.0	0.0
	生态需水量	1 052.1 (3 061.9)	1 052.1	0.0	0.0	0.0	0.0	0.0	1 052.1	0.0	0.0	0.0
	工业需水量	368.0	0.0	0.0	219.0	0.0	136.4	0.0	355.4	0.0	12.6	2.3
	农业需水量	3 224.6	325.9	1 438.0	0.0	0.0	0.0	0.0	1 765.0	0.0	1 459.6	45.3
	合　计		1 378.0	1 556.0	219.0	114.0	1 590.0	0.0	4 857.0	0.0	0.0	
彭阳县	生活需水量	910.7	0.0	169.0	0.0	215.0	527.0	0.0	911.0	0.0	0.0	0.0
	生态需水量	156.4 (162.1)	156.4	0.0	0.0	0.0	0.0	0.0	156.4	0.0	0.0	0.0
	工业需水量	317.4	0.0	98.0	189.0	0.0	30.4	0.0	317.4	0.0	0.0	0.0
	农业需水量	4 450.3	4 155.4	0.0	0.0	0.0	0.0	0.0	4 155.4	0.0	291.9	6.6
	合　计	5 831.7	4 311.8	267.0	189.0	215.0	557.4	0.0	5 540.8	0.0	0.0	
海原县	生活需水量	653.7	0.0	161.7	0.0	0.0	492.0	0.0	653.7	0.0	0.0	0.0
	生态需水量	281.3 (964.2)	822.4	0.0	0.0	0.0	0.0	0.0	822.4	0.0	0.0	0.0
	工业需水量	178.8	0.0	52.8	126.0	0.0	0.0	0.0	178.8	0.0	0.0	0.0
	农业需水量	271.1	177.6	93.5	0.0	0.0	0.0	0.0	271.1	0.0	0.0	0.0
	合　计		1 000.0	308.0	126.0	0.0	492.0	0.0	1 926.0	0.0	0.0	

6.3.3.2 配置结果讨论与分析

本次水资源配置的原则是在保证生活用水的前提下,生态环境需水量优先配置,工业用水主要靠中水满足,不足部分由其他水源适当补充,农业用水实行以供定需,在实现最大社会经济效益的同时,达到社会、经济、生态环境和谐发展的目的。为了充分体现这一配水原则并实现配水目标,首先,在配水数学模型中,建立了各子区不同行业供水经济净效益最大的社会经济目标函数、各行业缺水量最小的社会目标函数和生态环境需水量达到最大的生态环境目标函数;其次,在社会经济目标函数中赋予了生活用水及生态环境较大的效益系数,且在确定用水优先次序系数时,用水次序依次为生活、生态环境、工业、农业;最后,在约束条件中生态环境需水量的配水介于最小值与最大值(适宜值),使生态环境需水量得以保证,配水量在相应供水条件下尽量达到适宜。以下对配水结果进行分析,从而指导区域水资源的合理配置。

1.原州区配置结果分析讨论

1)2015($P=50\%$)配置分析

在节水方案下,原州区2015年生活需水量1 283.1万 m^3;需要配置的生态环境需水量最小值为317.9 m^3,适宜值为1 736.0万 m^3;工业需水量(包括固原盐化工一期工程的需水量)2 322.3万 m^3;农业需水量4 323.32万 m^3。供水水源主要有当地地表水、地下水、中水、东山坡引水,以及扬黄水,供水量分别为5 083万 m^3、1 019万 m^3、274万 m^3、576万 m^3、2 712.7万 m^3,总供水量为9 664.7万 m^3。从原州区的供水情况来看,该水平年在保证生活用水的同时,生态环境需水量能够满足适宜值的需求,表明按此标准配水,生态环境将会呈现较好的发展态势。扬黄水仅用了2 712.7万 m^3,按照其可供水量4 397万 m^3来衡量,原州区的扬黄水还有一些富余指标。

水资源配置方案:按照保证生活需水量,优先满足生态需水量的原则,若原州区扬黄水供水量按照2 712.7万 m^3的供水指标计算,总供水量将为9 664.7万 m^3,其中向生活供水量为1 283.1万 m^3,约占总供水量的13.3%,主要有地表水和地下水供给,供给量分别为264.1万 m^3和1 019万 m^3,其中地下水全部用来满足生活需水量;向生态环境供水量为1 736.0万 m^3,约占总供水量的17.9%,满足了生态环境适宜值的需求,全部由地表水来供给;向工业供水量为2 322.3万 m^3,约占总供水量的24.0%,主要由地表水、中水、东山坡引水、扬黄水供给,供给量分别为220.6万 m^3、274万 m^3、576万 m^3、1 251.7万 m^3;向农业供水量为4 322.3万 m^3,约占总供水量的44.7%,主要由当地地表水和扬黄水供给,供给量分别为2 862.3万 m^3、1 461.0万 m^3。2015年在相应供水条件下原州区各用水部门均不缺水,其中生态环境需水量满足适宜值的需求,并且扬黄水按照供水指标还有一定的富余量。

2)2015($P=75\%$)配置分析

2015年75%来水频率,原州区各行业需水量总量保持不变,可供水量分别为地表水2 796.0万 m^3、地下水1 019.0万 m^3、中水274.0万 m^3、东山坡引水576.0万 m^3、扬黄水为4 397万 m^3。可见相对50%来水条件,地表水供水量降低,但此种来水频率扬黄水按照4 397万 m^3供水量,不再有富余指标,才能够保证原州区各用水部门均不缺水,且生态环境需水量仅能够维持最小值和适宜值范围内的1 131.4万 m^3,较50%来水频率有所降低。

水资源配置方案:75%来水频率,原州区总供水量将降低为 9 060.2 万 m³,其中向生活供水量为 1 283.1 万 m³,约占总供水量的 14.2%,主要由当地地表水、东山坡、扬黄水联合供给,供给量分别为 381.2 万 m³、69.0 万 m³、833.1 万 m³;向生态环境供水量为 1 131.4 万 m³,约占总供水量的 12.5%,供水量介于最小值和适宜值之间,较接近适宜值,全部由当地地表水供给;向工业供水量为 2 323.2 万 m³,约占总供水量的 25.6%,主要由中水、东山坡和扬黄水供给,供给量分别为 274.0 万 m³、507.0 万 m³、1 543.0 万 m³;向农业供水量为 4 323.3 万 m³,约占总供水量的 47.7%,主要由地表水、地下水、扬黄水供给,供给量分别为 1 283.4 万 m³、1 019.0 万 m³、2 020.9 万 m³。可见相对平均来水条件,75%来水频率原州区扬黄水不再有富余指标,生态环境需水量能够满足最小量需求,小于适宜值。

3)2020 年($P=50\%$)配置分析

原州区 2020 年各部门需水量总量都有所增加,尤其是工业需水量大幅增加。其中生活需水量增加为 1 443.9 万 m³;生态环境需水量最小值增加为 323.6 万 m³,适宜值增加为 1 766.0 万 m³;工业需水量增加为 4 813.7 万 m³;农业需水量保持 2015 年的 4 333.2 万 m³。原州区工业需水量由于固原盐化工二期工程的启动增加幅度较大,生活需水量、生态环境及农业需水量增幅都比较小,主要是需水量预测时考虑了区域的现实情况、产业结构的调整以及相应的节水措施。

2020 年随着固原城乡饮水安全水源工程的启动,地表供水工程的改善,原州区供水能力将会有一定程度增加。原州区供水水源主要有当地地表水、地下水、中水、东山坡引水工程、固原城乡饮水水源工程以及扬黄水,可供水量分别为 5 684.0 万 m³、1 019.0 万 m³、274.0 万 m³、400.0 万 m³、837.0 万 m³、4 134.6 万 m³,原州区各用水部门均不缺水。扬黄水按照 4 134.6 万 m³ 的供水量,相对可供水指标 4 397 万 m³ 还有一定的富余量。

水资源配置方案:50%来水频率,原州区扬黄水供水量为 4 134.6 万 m³,并且固原城乡饮水水源工程也开始供水,原州区总供水量将达到 12 353.6 万 m³,供水量较 2015 年同等条件下增加了 2 272 万 m³。由于固原盐化工二期工程的启动,工业需水量大幅增加,同时生活需水量、农业需水量也有一定程度的增加。水资源配置结果为生活供水量为 1 443.9 万 m³,约占总供水量的 11.7%,供水水源为东山坡、固原城乡及扬黄水,供给量分别为 230.0 万 m³、437.0 万 m³、776.9 万 m³;生态环境供水量为 1 762.8 万 m³,接近适宜值,约占总供水量的 14.3%,全部由地表水供给;工业供水量为 4 813.7 万 m³,约占总供水量的 38.9%,主要由地表水、地下水、中水、东山坡、固原城乡饮水水源工程、扬黄水供给,供给量分别为 1 659.0 万 m³、483.7 万 m³、274.0 万 m³、170.0 万 m³、410.0 万 m³、1 817.0 万 m³;农业供水量为 4 333.2 万 m³,约占总供水量的 35.1%,主要由当地地表水、地下水和扬黄水供给,供给量分别为 2 257.2 万 m³、535.3 万 m³、1 540.7 万 m³。

4)2020 年($P=75\%$)配置分析

2020 年 75%来水频率,原州区需水量总量保持不变,可供水量分别为地表水 3 126.6 万 m³、地下水 1 019.1 万 m³、中水 274.0 万 m³、东山坡引水 400.0 万 m³、固原城乡饮水水源工程供水 847.0 万 m³、扬黄水供水量为 4 397.0 万 m³,总供水量较 50%来水条件降低为 10 062.8 万 m³;此种供水条件下,原州区的工业和农业都处于缺水状态。

水资源配置方案:75%来水频率,原州区扬黄水按照 4 397.0 万 m³ 的供水指标供水,总供水量较 50% 来水频率降为 10 062.8 万 m³，农业和工业缺水。水资源配置方案为生活供水量为 1 443.9 万 m³，约占总供水量的 14.3%，供水水源为地表水、地下水、东山坡、固原城乡及扬黄水，供给量分别为 144.4 万 m³、296.4 万 m³、52.0 万 m³、622.0 万 m³、330.0 万 m³；生态环境供水量为 1 205.4 万 m³，介于最小值和适宜值之间，约占总供水量的 12.0%，全部由地表水供给；向工业供水量为 4 098.8 万 m³，约占总供水量的 40.7%，缺水率为 14.9%，主要由地表水、地下水、中水、东山坡、固原城乡饮水水源工程、扬黄水供给，供给量分别为 551.7 万 m³、362.1 万 m³、274.0 万 m³、348.0 万 m³、225.0 万 m³、2 338.0 万 m³，工业缺水处于轻度缺水状态，因此固原盐化工二期工程对高耗水产业稍加控制，则工业供水量便可保证；向农业供水量为 3 314.7 万 m³，约占总供水量的 32.9%，缺水率为 23.5%，主要由当地地表水、地下水和扬黄水联合供给，供给量分别为 1 225.1 万 m³、360.6 万 m³、1 729.0 万 m³。

5) 2025 年 (P = 50%) 配置分析

原州区 2025 年需水量总量增加为 12 490.8 万 m³，其中生活需水量为 1 650.7 万 m³；生态环境需水量最小值为 323.6 万 m³，适宜值为 1766.0 万 m³；工业需水量 4 744.1 万 m³；农业需水量 4 333.2 万 m³。较 2020 年，原州区工业需水量由于节水力度的加强，需水量略有下降，生活需水量、生态环境增幅较小，农业需水量保持不变。2025 年供水水源不变，依然是当地地表水、地下水、中水、东山坡引水工程、固原城乡饮水水源工程以及扬黄水，可供水量除扬黄水外均维持 2020 年状况，分别为 5 684.0 万 m³、1 019.0 万 m³、274.0 万 m³、400.0 万 m³、847.0 万 m³，扬黄水供水量增加为 4 265.8 万 m³，总供水量为 12 490.8 万 m³，各用水部门都不缺水。

水资源配置方案：2025 年 50% 来水频率，原州区总供水量基本维持 2020 年供水水平。然而工业、生活、农业需水量会有一定程度的增加，原州区扬黄水的供水量也会相应增加。水资源配置结果为生活供水量为 1 650.7 万 m³，约占总供水量的 13.2%，供水水源为东山坡、固原城乡饮水水源工程及扬黄水，供给量分别为 230.0 万 m³、643.7 万 m³、777.0 万 m³；生态环境供水量为 1 762.8 万 m³，接近适宜值，约占总供水量的 14.1%，全部由地表水供给；工业供水量为 4 744.1 万 m³，约占总供水量的 38%，主要由地表水、地下水、中水、东山坡、固原城乡饮水水源工程、扬黄水供给，供给量分别为 1 801.1 万 m³、483.7 万 m³、274.0 万 m³、170.0 万 m³、203.3 万 m³、1 812.0 万 m³；农业供水量为 4 333.2 万 m³，约占总供水量的 34.7%，主要由当地地表水、地下水和扬黄水供给，供给量分别为 2 120.1 万 m³、535.3 万 m³、1 677.8 万 m³。与 2020 年同等条件相比，扬黄水的供水指标增加，但仍有少量富余指标。

6) 2025 年 (P = 75%) 配置分析

75% 来水频率，原州区 2025 年需水量总量保持不变，其中生活需水量 1 650.7 万 m³；生态环境需水量最小值为 323.6 万 m³，适宜值为 1 766.0 万 m³；工业需水量 4 744.1 万 m³；农业需水量 4 333.2 万 m³。供水水源依然是当地地表水、地下水、中水、东山坡引水工程、固原城乡饮水水源工程以及扬黄水，可供水量分别为 3 126.6 万 m³、1 019.0 万 m³、274.0 万 m³、400.0 万 m³、847.0 万 m³、4 397.0 万 m³，工业和农业部门缺水。

水资源配置方案：2025 年 75% 较 50% 来水频率，原州区总供水量降低，农业和工业部门缺水。水资源配置结果为向生活供水量为 1 650.7 万 m³,约占总供水量的 16.4%,供水水源为地表水、地下水、东山坡、固原城乡及扬黄水,供给量分别为 50.6 万 m³、118.8 万 m³、23.3 万 m³、502.0 万 m³、956.0 万 m³;生态环境供水量为 458.6 万 m³,满足最小值需求,约占总供水量的 4.6%,全部由地表水供给;向工业供水量为 4 090.4 万 m³,约占总供水量的 40.6%,缺水率为 13.7%,属于轻度缺水,因此要严格控制固原盐化工二期工程高耗水产业。工业用水主要由地表水、地下水、中水、东山坡、固原城乡饮水水源工程、扬黄水供给,供给量分别为 924.8 万 m³、449.9 万 m³、274.0 万 m³、376.7 万 m³、345.0 万 m³、1 720.0 万 m³;向农业供水量为 3 863.9 万 m³,约占总供水量的 37.4%,缺水率为 10.8%,主要由当地地表水、地下水和扬黄水供给,供给量分别为 1 692.6 万 m³、450.3 万 m³、1 721.0 万 m³。较 50% 来水频率,扬黄水指标全部用完,工、农业仍处于轻度缺水状态。

2.西吉县配置结果分析

1)2015 年($P=50%$)配置分析

西吉县 2015 年生活需水量 1 222.8 万 m³;生态环境需水量最小值为 1 051.1 万 m³,适宜值为 2 942.9 万 m³;工业需水量 217.4 万 m³;农业需水量 3 206.3 万 m³。供水水源主要有当地地表水、地下水、中水、东山坡引水工程,可供水量分别为 1 164.0 万 m³、1 556.0 万 m³、48.0 万 m³、114.0 万 m³,总供水量为 2 882.0 万 m³。总缺水量为 2 816.6 万 m³。

水资源配置方案:50% 来水频率,西吉县在现有的供水水源下,包括生态环境在内的各用水部门均有不同程度的缺水,但在生活、生态优先的配水原则下,向生活配水 1 067.9 万 m³,占总供水量的 37.1%,缺水率为 12.6%,属于轻度缺水,主要由地下水和东山坡引水工程供给,供给量分别为 1 039.9 万 m³ 和 28.0 万 m³;同时需保证向生态环境配水 692.5 万 m³,占总供水量的 24.0%,没有满足最小值需求,缺水率为 34.1%,全部由地表水来供给;向工业配水 134.0 万 m³,占总供水量的 4.6%,缺水率为 38.3%,主要由中水、东山坡引水工程供给,供给量分别为 48.0 万 m³、86.0 万 m³;向农业供水 987.6 万 m³,占总供水量的 34.3%,缺水率为 69.1%,主要由当地地表水和地下水供给,供给量分别为 471.5 万 m³、516.1 万 m³。西吉县各用水部门均缺水,缺水率由小到大依次为生活、生态、工业、农业,农业部门缺水非常严重。

2)2015 年($P=75%$)配置分析

2015 年 75% 来水频率,西吉县需水量总量依然为 5 694.6 万 m³,供水水源仍然为当地地表水、地下水、中水、东山坡引水工程。较 50% 来水频率,可供水量降低为 597.0 万 m³、1 556.0 万 m³、48.0 万 m³、114.0 万 m³,总供水量降低到 2 315.0 万 m³,总缺水量增加为 3 383.6 万 m³。

水资源配置方案:西吉县在 75% 来水频率相应的供水量降为 2 315.0 万 m³,各部门均缺水,但在生活、生态优先的配水原则下,西吉县需向生活配水 928.9 万 m³,占总供水量的 40.1%,缺水率为 24%,主要由地下水、东山坡引水工程供给,供给量分别为 870.9 万 m³、58.0 万 m³;保证生态环境配水量 597.0 万 m³,占总供水量的 25.8%,缺水率为 43%,全部由当地地表水供给;向工业配水 104.0 万 m³,占总供水量的 4.5%,缺水率为 52.2%,主要由中水、东山坡引水工程供给,供给量为 48.0 万 m³、56.0 万 m³;向农业供水 685.1 万 m³,占总供水量的 29.6%,缺水率为 78.6%,全部由地下水供给,供给量为 685.1 万 m³。可见75%来水频率,缺水率由小到大依次为生活、生态、工业、农业,农业部门缺水极其严重。

3)2020年($P=50\%$)配置分析

西吉县2020年需水量总量增加为6 024.29万 m^3,其中生活需水量为1 451.4万 m^3;生态环境需水量最小值为1 052.1万 m^3,适宜值为3 061.9万 m^3;工业需水量300.2万 m^3;农业需水量3 224.60万 m^3。由于需水量预测时考虑了产业结构的调整和节水措施,各部门需水量增幅都不大。2020年随着固原城乡饮水安全水源工程的启动,各地区地表供水工程得到改善,西吉县供水能力明显增加。供水水源主要有当地地表水、地下水、中水、东山坡引水工程、固原城乡饮水水源工程,可供水量分别为1 576.0万 m^3、1 556.0万 m^3、48.0万 m^3、114.0万 m^3、1 590.0万 m^3,总供水量为4 884.0万 m^3,总缺水量为1 145.7万 m^3,缺水量较2015年同等条件下有明显的下降。

水资源配置方案:西吉县50%来水频率,由于固原城乡饮水水源工程的启动、地表供水工程供水能力的改善,供水量增加为4 884万 m^3,各用水部门缺水主要集中在农业部门。水资源配置结果为向生活配水1 452.0万 m^3,占总供水量的29.7%,供水水源为东山坡引水工程、固原城乡饮水工程,供给量分别为82.0万 m^3、1 370.0万 m^3;向生态环境配水1 052.1万 m^3,达到了最小值的要求,占总供水量的21.5%,全部由地表水供给;向工业配水300万 m^3,占总供水量的6.1%,主要由中水、东山坡、固原城乡饮水水源工程供给,供给量分别为48.0万 m^3、32.0万 m^3、220.0万 m^3;向农业供水2 078.9万 m^3,占总供水量的42.6%,缺水率为35.5%,主要由当地地表水、地下水供给,供给量分别为522.9万 m^3、1 556.0万 m^3。地下水全部用来满足农业需求。

4)2020年($P=75\%$)配置分析

2020年75%来水频率,西吉县需水量总量依然为6 024.29万 m^3,可供水量分别为地表水1 377.6万 m^3、地下水1 556.0万 m^3、中水48万 m^3、东山坡引水114万 m^3、固原城乡饮水水源工程供水1 590万 m^3,总供水量降低为4 685.0万 m^3;总缺水量较50%来水条件上升为1 349.9万 m^3。

水资源配置方案:75%来水频率下,西吉县相应的供水量降低为4 685.0万 m^3,缺水依然集中在农业部门。水资源配置结果为:向生活配水1 451.4万 m^3,占总供水量的31%,供水水源为东山坡引水工程、固原城乡饮水水源工程,供给量分别为82万 m^3、1 370万 m^3;向生态环境配水1 058.0万 m^3,占总供水量的22.6%,全部由地表水供给;向工业配水300.2万 m^3,占总供水量的6.4%,主要由中水、东山坡、固原城乡饮水水源工程,供给量分别为48万 m^3、32万 m^3、220万 m^3;向农业供水1 875.6万 m^3,占总供水量的40.0%,缺水率为41.8%,主要由当地地表水、地下水供给,供给量分别为319.6万 m^3、1 556.0万 m^3,地下水全部用来满足农业用水需求。

5)2025年($P=50\%$)配置分析

西吉县2025年需水量总量增加为6 326.3万 m^3,其中生活需水量1 685.63万 m^3;生态环境需水量最小值为1 052.1万 m^3,适宜值为3 061.9万 m^3;工业需水量368万 m^3;农业需水量3 224.60万 m^3。由于需水量预测时考虑了产业结构的调整和节水措施,各部门需水量增幅都不大。2025年供水水源仍然有当地地表水、地下水、中水、东山坡引水工程、固原城乡饮水水源工程,可供水量分别为 1 576 万 m³、1 556 万 m³、219 万 m³、114 万 m³、1 590 万 m³,总供水量增加为 5 055 万 m³,总缺水量为 1 276.7 万 m³,缺水量较 2020 年同等条件下略有增加。

水资源配置方案:西吉县在 50% 来水频率下,得益于固原城乡饮水水源工程、中水利用量的增加,供水量增加为 5 055 万 m³,各用水部门中只有农业缺水。水资源配置结果为:向生活配水 1 686.0 万 m³,占总供水量的 33.4%,供水水源为东山坡引水工程、固原城乡饮水水源工程,供给量分别为 96 万 m³、1 590 万 m³;向生态环境配水 1 052.1 万 m³,达到了最小值的需求,占总供水量的 20.8%,全部由地表水供给;向工业配水 368 万 m³,占总供水量的 7.3%,主要由地表水、中水、东山坡引水工程供给,供给量分别为 131 万 m³、219 万 m³、18 万 m³;向农业供水 1 947.9 万 m³,占总供水量的 38.5%,缺水率为 39.6%,农业缺水率较 2020 年增加 4.1%,可见尽管供水量有所增加,但由于需水量的增加,供水缺口也会增大。西吉县农业用水主要由当地地表水、地下水供给,供给量分别为 391.9 万 m³、1 556 万 m³,地下水全部用来满足农业需水量。

6) 2025 年($P = 75\%$)配置分析

2025 年 75% 来水频率,西吉县需水量总量依然为 6 326.3 万 m³,可供水量分别为地表水 1 378.0 万 m³、地下水 1 556.0 万 m³、中水 219.0 万 m³、东山坡引水 114.0 万 m³、固原城乡饮水水源工程供水 1 590.0 万 m³,总供水量降低为 4 817.0 万 m³;总缺水量为 1 509.3 万 m³。

水资源配置方案:西吉县 75% 来水频率下相应的供水量降为 4 817.0 万 m³,各用水部门中工业和农业均缺水。水资源配置结果为:向生活配水 1 685.6 万 m³,占总供水量的 18.3%,供水水源为地下水、东山坡、固原城乡,供给量分别为 118.0 万 m³、114.0 万 m³、1 453.6 万 m³;向生态环境配水 1 052.1 万 m³,满足了最小值的需求,占总供水量的 40.2%,全部由地表水供给;向工业配水 368.0 万 m³,占总供水量的 7.6%,缺水率为 14.3%,主要由中水、固原城乡饮水水源工程供水,供给量分别为 219.0 万 m³、136.4 万 m³;向农业供水 1 765 万 m³,占总供水量的 36.6%,缺水率为 45.3%。主要由当地地表水、地下水供给,供给量分别为 325.9 万 m³、1 438 万 m³。

西吉县缺水最为严重,主要原因是西吉县苦咸水所占比例较大,导致水资源可利用量减少,因此应加大苦咸水的处理力度,才能对水资源的供需矛盾有所缓解。另外,西吉县人工湿地面积(水库、塘坝、湖泊、沼泽地),一年生人工草地面积相对较大,导致其径流消耗性生态环境需水量也比较大,进一步加剧了水资源的供需矛盾,应适当控制各类径流消耗性生态环境需水量。

3. 彭阳县配置结果分析

1) 2015 年($P = 50\%$)配置分析

彭阳县 2015 年需水量总量为 5 342.49 万 m³,其中生活需水量 670.0 万 m³;生态环境需水量最小值为 155.6 万 m³,适宜值为 161.3 万 m³;工业需水量 85.6 万 m³;农业需水量 4 433.5万 m³。供水水源主要有当地地表水、地下水、中水、东山坡引水工程,可供水量分别为 3 732.0 万 m³、269.0 万 m³、86.0 万 m³、42.0 万 m³,总供水量为 4 129.0 万 m³。彭阳县总缺水量为 1 219.5 万 m³。

水资源配置方案:50%来水频率,彭阳县在现有的供水条件下,总供水量为 4 129.0 万 m³ 情况下,除农业外,其他部门均不缺水。在生态优先的配水原则下,需向生活配水 670.0 万 m³,占总供水量的 16.2%,主要由地表水、地下水和东山坡引水工程供给,供给量分别为 359.0 万 m³、269.0 万 m³ 和 42.0 万 m³;向生态环境供水 159.0 万 m³,满足了最小值的需求,占总供水量的 3.9%,全部由地表水来供给;向工业配水 86.0 万 m³,占总供水量的 2.1%,全部由中水供给,供给量为 86.0 万 m³;向农业配水 3 214.0 万 m³,占总供水量的 77.8%,缺水率为 27.5%,主要由当地地表水供给,供给量为 3 214.0 万 m³。

2)2015 年($P=75\%$)配置分析

2015 年 75%来水频率,彭阳县需水量总量依然为 5 342.49 万 m³,供水水源仍然为当地地表水、地下水、中水、东山坡引水工程。较 50%来水频率,可供水量降低为 2 686.0 万 m³、269.0 万 m³、86.0 万 m³、48.0 万 m³,总供水量降低到 3 089.0 万 m³,总缺水量增加为 2 258.5 万 m³。

水资源配置方案:彭阳县 75%来水频率,相应的总供水量降低为 3 089.0 万 m³。由于工业需水量很小,依靠中水便能够满足,因此缺水量依然主要集中在农业部门,但农业部门的缺水率明显增加。遵循生态优先的配水原则,需向生活配水 670.0 万 m³,占总供水量的 21.7 %,主要由地表水、地下水和东山坡引水工程供给,供给量分别为 353.0 万 m³、269.0 万 m³ 和 48.0 万 m³;向生态环境配水 158.0 万 m³,占总供水量的 5.1%,全部由地表水来满足;向工业配水 86.0 万 m³,占总供水量的 2.8%,全部由中水供给,供给量分别为 86.0 万 m³;向农业配水 2 175.0 万 m³,占总供水量的 70.4%,缺水率为 50.9%,主要由当地地表水供给,供给量为 2 175.0 万 m³。

3)2020 年($P=50\%$)配置分析

彭阳县 2020 年需水量总量增加为 5 565.1 万 m³,其中生活需水量 788.8 万 m³;生态环境需水量最小值为 156.4 万 m³,适宜值为 162.1 万 m³;工业需水量 172.5 万 m³;农业需水量 4 450.3 万 m³。由于需水量预测时考虑了产业结构的调整和节水措施,各部门需水量增幅都不大。2020 年随着固原城乡饮水安全水源工程的启动,各地区地表供水工程的改善,彭阳供水能力显著增加。供水水源主要有当地地表水、地下水、中水、东山坡引水工程、固原城乡饮水水源工程,可供水量分别为 4 744.1 万 m³、269 万 m³、151 万 m³、218 万 m³、188.7 万 m³,总供水量为 5 570.8 万 m³,彭阳县各用水部门均不缺水。

水资源配置方案:彭阳县在固原城乡饮水水源工程启动后,50%来水频率下相应的总供水量增加为 5 570.8 万 m³,各用水部门均不缺水。水资源配置结果为向生活配水 788.8 万 m³,占总供水量的 14.2 %,供水水源为地表水、地下水、东山坡、固原城乡,供给量分别为 134.7 万 m³、247.5 万 m³、218 万 m³、188.7 万 m³;向生态环境配水 159.1 万 m³,占总供水量的 2.9%,全部由地表水供给;向工业配水 172.5 万 m³,占总供水量的 3.1%,主要由地下水、中水供给,供给量分别为 21.5 万 m³、151 万 m³;向农业配水 4 450.3 万 m³,占总供水量的 79.8%,主要由当地地表水供给,供给量为 4 450.3 万 m³。在这样的配水方案下,彭阳县使用固原城乡饮水水源工程指标只需要 188.7 万 m³,比该工程规划给彭阳县配水量 790 万 m³,减少了 6 01.3 万 m³。据此,本书建议固原城乡饮水水源工程可考虑将配置给彭阳的水配给受水区域范围缺水比较严重的西吉县;或配给当地生态环境需水量,使得生态环境供水量更接近适宜值,将会明显改善区域生态环境需水;或者根据区域的发展目标,增加社会经济供水量,进一步促进区域社会经济的发展。

4)2020 年($P=75\%$)配置分析

75%来水频率彭阳县 2020 年需水量总量依然为 5 565.06 万 m³,供水水源依然为当地地表水、地下水、中水、东山坡引水工程、固原城乡饮水水源工程,可供水量降低为 4 311.8万 m³、269 万 m³、86 万 m³、218 万 m³、388.4 万 m³,总供水量降低为 5 273.2 万 m³,彭阳县只有农业部门轻微缺水。

水资源配置方案:彭阳县 75%来水频率下,相应的总供水量降低为 5 273.2 万 m³,农业部门少量缺水。遵循生态优先的配水原则,需向生活配水 788.9 万 m³,占总供水量的 15%,供水水源为地下水、东山坡引水工程、固原城乡饮水水源工程,供给量分别为 247.5万 m³、218 万 m³、323.4 万 m³;向生态环境配水 159.1 万 m³,占总供水量的 3.0%,全部由地表水供给;向工业配水 172.5 万 m³,占总供水量的 3.3%,主要由地下水、中水供给,供给量分别为 21.5 万 m³、86 万 m³;向农业配水 4 152.7 万 m³,占总供水量的 78.8%,缺水率为 6.7%,主要由当地地表水供给,供给量为 4 152.7 万 m³。在这样的配水方案下,固原城乡饮水水源工程只需要向彭阳县供水 388.4 万 m³,比规划供水量 790 万 m³减少了 401.6 万 m³,据此固原城乡饮水水源工程可将配置给彭阳县的水配给受水区域缺水严重的西吉县;或者据此适当调整供水方案,将固原城乡饮水水源工程的水量全部配给生活需水量,调整适量用于供给生活需求的当地地下水水源配给缺水量较小的农业部门,以满足农业用水需求;抑或用于改善当地生态环境。

5)2025 年($P=50\%$)配置分析

彭阳县 2025 年需水量总量增加为 5 831.06 万 m³,其中生活需水量 910.57 万 m³;生态环境需水量最小值为 156.4 万 m³,适宜值为 162.1 万 m³;工业需水量 317.4 万 m³;农业需水量 4 450.32 万 m³。各部门需水量增幅都不大,且农业需水量基本保持 2020 年水平不变。供水水源主要有当地地表水、地下水、中水、东山坡引水工程、固原城乡饮水水源工程,供水量分别为 4 744.5 万 m³、223.4 万 m³、189.0 万 m³、200.1 万 m³、480.4 万 m³,总供水量为 5 837.4 万 m³,彭阳县各用水部门均不缺水。

水资源配置方案:50%来水频率下,相应的总供水量增加为 5 837.4 万 m³,各用水部门均不缺水。遵循生态优先的配水原则,需向生活配水 910.6 万 m³,占总供水量的 15.6%,供水水源为地表水、地下水、东山坡引水工程、固原城乡饮水水源工程,供给量分别为 135.1 万 m³、95.0 万 m³、200.1 万 m³、480.4 万 m³;向生态环境配水 159.1 万 m³,占总供水量的 2.7%,全部由地表水供给;向工业配水 317.4 万 m³,占总供水量的 5.4%,主要由地下水、中水供给,供给量分别为 128.4 万 m³、189.0 万 m³;向农业配水 4 450.3 万 m³,占总供水量的 76.2%,主要由当地地表水供给,供给量为 4 450.3 万 m³。在这样的配水比例下,固原城乡饮水水源工程只需要向彭阳县供水 480.4 万 m³,比规划供水量 790 万 m³减少了 309.6 万 m³,因此固原城乡饮水水源工程可将配置给彭阳县的水配给受水区域范围缺水严重的地区,或配给当地生态环境用水,将会明显改善区域生态环境。

6)2025 年($P=75\%$)配置分析

2025 年 75%来水频率下,彭阳县需水量总量依然为 5 831.06 万 m³,可供水量分别为地表水 4 311.8 万 m³、地下水 267.0 万 m³、中水 189.0 万 m³、东山坡引水 215.0 万 m³、固原城乡饮水水源工程供水 557.4 万 m³,总供水量降低为 5 540.8 万 m³;总缺水量为 291.9 万 m³。

水资源配置方案:彭阳县 75%来水频率下,相应的总供水量降低为 5 540.8 万 m³,各用水部门中仅有农业部门缺水。遵循生态优先的配水原则,需向生活配水 910.7 万 m³,占总供水量的 16.4 %,供水水源为地下水、东山坡引水工程、固原城乡饮水水源工程,供给量分别为 169 万 m³、215 万 m³、527 万 m³;向生态环境配水 156.4 万 m³,占总供水量的 2.8%,全部由地表水供给;向工业配水 317.4 万 m³,占总供水量的 5.7%,,主要由地下水、中水、固原城乡饮水水源工程供给,供给量分别为 98 万 m³、189 万 m³、30.4 万 m³;向农业配水 4 155.4 万 m³,占总供水量的 75%,缺水率为 6.6%,属于轻微缺水,供给量为 4 155.4 万 m³。在这样的配水比例下,固原城乡饮水水源工程只需要向彭阳县供水 557.4 万 m³,比规划供水量 790 万 m³ 减少了 232.6 万 m³,据此固原城乡饮水水源工程可将配置给彭阳的水配给缺水严重的县区;或者据此适当调整供水方案,将固原城乡饮水水源工程的水量全部配给生活需水量,调整适量用于供给生活需求的当地地下水水源,配给缺水量较小的农业部门,以满足农业用水需求,彭阳县将不缺水;抑或用于改善当地生态环境。

4.海原县配置结果分析

1)2015 年($P=50\%$)配置分析

2015 年海原县生活需水量 476.0 万 m³;生态环境需水量最小值为 262.3 万 m³,适宜值为 934.5 万 m³;工业需水量 97.0 万 m³;农业需水量 263.8 万 m³。供水水源主要有当地地表水、地下水、中水,可供水量分别为 500 万 m³、308 万 m³、46 万 m³。由于海原县的地表水均为苦咸水,地表可供水量按照 2015 年规划处理苦咸水量计算。

水资源配置方案:50%来水频率下,海原县 2015 年若能够按照规划处理利用 500.0 万 m³苦咸地表水,生活不缺水;生态环境能够满足最小值的供水需求;缺水部门主要是工业、农业,工业缺水 37.0 万 m³,缺水率为 38.1%,农业缺水 208.1 万 m³,缺水率为 78.9%。

2)2015 年($P=75\%$)配置分析

由于海原县 2015 年供水水源主要处理的是当地地表苦咸水、地下水,中水,所以供水量不受来水条件的影响,配水方案与 50%来水频率相同,不再赘述。

3)2020 年($P=50\%$)配置分析

2020 年海原县生活需水量 557.6 万 m³;生态环境需水量最小值为 281.3 万 m³,适宜值为 964.2 万 m³;工业需水量 146.3 万 m³;农业需水量 271.0 万 m³。供水水源主要有当地地表水、地下水、中水、固原城乡饮水水源工程,可供水量分别为 1 000.0 万 m³、129.93 万 m³、82.0 万 m³、492.0 万 m³。由于海原县的地表水均为苦咸水,地表可供水量按照 2020 年规划处理苦咸水量计算。

水资源配置方案:海原县 2020 年如果能够按照规划处理 1 000.0 万 m³苦咸水,各用水部门均不缺水,且生态环境配水量远大于最小值,接近适宜值,海原县的生态环境将会得到大幅改善。固原城乡饮水水源工程全部用于供给生活需水量,按照规划值没有富余量,说明配水指标是合理的。

4)2020 年($P=75\%$)配置分析

2020 年海原县供水来源主要是处理的地表苦咸水、地下水及固原城乡引水,因此其供水量不受来水条件影响,配水方案与 50% 来水条件相同,不再赘述。

5)2025 年($P=50\%$)配置分析

海原县 2025 年如果能够按照规划处理 1 000.0 万 m^3 苦咸水,固原城乡饮水水源工程按照规划指标 492.0 万 m^3 供给生活用水,海原县各部门均不会缺水,且生态环境配水量远大于最小值,接近适宜值,海原县的生态环境将会得到大幅改善。配水方案与 2020 年平均来水条件相同,不再赘述。

6)2025 年($P=75\%$)配置分析

2025 年海原县供水来源主要是处理地表苦咸水、地下水及固原城乡引水,因此其供水量不受来水条件影响,配水方案与 50% 来水条件相同,不再赘述。

6.3.3.3　配置结论

根据水资源合理配置结果分析可知:

(1)2015 年 50% 来水频率,从子区的配置情况来看,规划范围内原州区由于受益于扬黄水,各部门均不缺水,且扬黄水还有一定的富余指标;该水平年缺水最严重的是西吉县,各部门均严重缺水,缺水率由小到大依次为生活、生态、工业、农业,生态需水量甚至不能满足最小值的需求,应该引起高度重视;其次是海原县和彭阳县,海原县生活需水量、生态环境需水量优先得到满足,工业部门轻微缺水,缺水主要集中于农业部门;彭阳县其他各部门均不缺水,农业需水量缺口相对较大。从用水部门的总体配置情况来分析,生活需水量和生态环境需水量优先得到满足(除西吉县外),工业需水量基本保证,缺水主要集中在农业部门。

75% 来水频率下,原州区的各用水部门依然不缺水,只是扬黄水没有富余指标;西吉县各部门均缺水,缺水程度更为严重,西吉县缺水严重的原因之一是该地区苦咸水的比例非常高,解决该县缺水的重要途径是增加苦咸水的利用量;另外,西吉县径流消耗性生态环境需水量所占比例较高,应严格控制人工湿地(水库、塘坝、湖泊、沼泽)面积,以及一年生人工草地面积。海原县和彭阳县缺水规律同 50% 来水条件,其中海原县工业、农业缺水更加严重,彭阳县缺水依然集中于农业部门,但缺水更加严重。

(2)2020 年随着固原城乡饮水安全水源工程的启动,各地区地表供水工程的改善,供水能力将会有所增加。从子区的配置情况来看,50% 来水频率下,规划范围内原州区、彭阳县及海原县各行业均不缺水。其中原州区扬黄水有少量富余指标,彭阳县按照固原城乡饮水水源工程规划分配的供水指标还有一定量的余水,本书建议彭阳县生活用水全部由固原城乡饮水替代,调整其他水源多余的水全部配给彭阳县的生态环境,以大力改善区域生态环境;或者将固原城乡饮水水源工程富余指标调配给缺水严重的西吉县。缺水量最大的地区依然是西吉县,但缺水程度较 2015 年有明显的下降,且缺水部门主要集中在农业部门,其他部门均不缺水。

75% 来水频率下,原州区扬黄水指标全部用完,生活、生态环境不缺水,工业部门轻微缺水,农业部门也有轻度缺水现象,原州区工业缺水的主要原因是固原盐化工二期工程的启动,导致工业需水量的剧增,因此很有必要对固原盐化工的高耗水产业稍加控制,以满足工业用水,提高工业供水保证率;西吉县仍然只有农业部门缺水,缺水程度更为严重;彭阳县农业少量缺水,但固原城乡饮水水源工程规划配水指标却仍然有富余,可考虑合理调配水源,保证区域不缺水。海原县供水来源主要是处理的地表苦咸水、地下水及固原城乡引水,因此其供水量不受来水条件影响,配水方案与50%来水频率相同,各行业均不缺水。

(3)2025年随着各地区地表供水工程的改善,中水利用率的提高,供水能力仍然会有一定程度的增加,但行业需水量也会略有增加。50%来水频率下,从子区的配置情况来看,受水区域范围内原州区、彭阳县及海原县各行业依然不缺水,其中原州区扬黄水有少量富余指标,彭阳县按照固原城乡饮水水源工程规划分配的供水指标还有一定量的余水,本书建议彭阳县生活用水全部由固原城乡饮水替代,调整其他水源多余的水全部配给彭阳县的生态环境,以大力改善区域生态环境;或者将固原城乡饮水水源工程富余指标配给缺水严重的西吉县。缺水量最大的地区依然是西吉县,缺水程度较2020年稍有下降,且缺水部门主要集中在农业部门,其他部门均不缺水。

75%来水频率下,原州区扬黄水指标全部用完,工业、农业部门会有不同程度的缺水现象,缺水主要集中在农业部门,工业用水只要严格控制固原盐化工二期工程的需水量,其供水也能够得到保障;西吉县农业部门缺水程度更为严重;彭阳县农业少量缺水,但固原城乡饮水水源工程规划配水指标却仍然有富余,可考虑合理调配水源,满足区域全部需水量要求。海原县受水区域供水来源主要是处理的地表苦咸水、地下水及固原城乡引水,因此其供水量不受来水频率影响,配水方案与50%来水频率相同,各行业均不缺水。

(4)从行业配置上来看,由于配置模型中赋予生活和生态环境较大的用水效益系数和优先的用水次序系数,因此生活和生态需水量均能够满足;农业单方水赋予的经济效益系数较小,并且各县(区)农业需水量比重很大,故在保证粮食安全,满足农业最低需水量后,受水区域规划范围内造成的缺水主要集中在农业部门,尤其是西吉县农业需水量缺口最大,农业节水仍是重点。

(5)从空间配置上来看,固原城乡饮水水源工程规划配给彭阳县的配水指标有一定的富余量,在空间上还有一定的调配余地。

6.3.3.4 配置模型目标值分析

本书水资源合理配置模型涉及三个目标函数,分别为:供水净效益 f_1 最大、总缺水量 f_2 最小、生态环境需水量 f_3 最大。采用 MATLAB 软件求解配置模型,输出的目标值见表 6-19。

由表 6-19 可见,规划水平年 2015 年,50%来水频率至 75%来水频率,受水区域供水净效益减小,供水总缺水量增加,生态环境需水量减小;2020 年较 2015 年,随着受水区域社会经济的发展,区域需水量增加,但随着固原城乡饮水水源工程的启动,经济效益有所增加,缺水减少,生态环境供水量增大,整个供需水量状况较 2015 年有很大的改善。2025 年经济效益仍在提高,缺水量仍在减少,生态环境需水量在提高,可见整个供水状况在朝着良好的方向发展。从这方面来看,模型配水结果也具有一定的合理性。

该模型与算法具有通用性和可操作性。区域水资源配置涉及社会、经济、环境、资源等众多方面,且与受水区域可供水量计算、需水量预测、模型参数取定等诸多因素有关。

若资料信息、定额等条件发生变化,可通过适当地修改参数,再次运行已编制的程序,求得相应的合理配置成果。

表 6-19　受水区域水资源配置目标值

水平年	保证率(%)	目标(f_1) (万元)	目标(f_2) (万 m³)	目标(f_3) (万 m³)
2015 年	50	15 277.0	−4 281.2	3 427.4
	75	11 694.0	−5 887.2	2 405.5
2020 年	50	16 496.0	−1 276.7	4 339.4
	75	11 905.0	−3 379.8	3 781.3
2025 年	50	17 092.0	−1 145.7	4 339.1
	75	15 401.0	−2 886.9	3 777.6

6.3.3.5　配置模型适用性分析

本书应用基于生态优先的水资源合理配置模型,对受水区域规划范围内三个不同水平年两个保证率条件下水资源进行了合理配置。该模型充分体现了生态环境需水量优先配置的思路以及水资源可持续发展的思想,通过分析讨论认为,该模型与方法是有效的、可行的,优化配置成果是合理的。此优化配置模型与成果,为受水区域水资源可持续利用规划与管理提供了决策依据。

区域水资源优化配置涉及社会、经济、环境、资源等诸多方面,且与可供水量计算、需水量预测、模型参数等众多因素有关,是一个复杂的大系统多目标优化问题。若资料信息、定额等条件发生变化,通过适当地修改参数,再次运行已编制的程序,可求得相应的合理配置成果,此模型与算法具有通用性和可操作性。

6.3.3.6　建议及对策

结合受水区域的用水现状、规划水平年的水资源合理配置方案以及对配置成果的分析,提出的受水区域水资源可持续开发利用的建议和对策如下所述。

(1)行政措施。利用法律约束机制和行政管理职能,直接通过行政措施进行水资源合理配置,调配生态环境、生活和生产用水,调节地区、部门等用水单位的用水关系,实现水资源的统一管理。结合《中华人民共和国水法》《取水许可和水资源费征收管理条例》等法律法规,制定或修改区域水资源管理方面的规章制度,从政策方面保证固原城乡饮水安全水源工程启动后,受水区域规划范围内水资源可持续开发利用。

(2)经济措施。按照市场经济的要求,建立区域合理的水价形成机制,利用经济手段进行调节,利用市场进行配置,使水的利用方向从低效率的经济领域向高效率的经济领域转变,水的利用模式从粗放型向节约型转变,提高水的利用效率。

(3)节约用水。保护和节约使用资源是我国的基本国策。在国务院制定的《水利产业政策》中明确提出:加强计划用水,厉行节约用水,合理配置水资源。国民经济各行业和各地区,都必须贯彻国家规定的各项用水管理制度,大力普及节水技术,节约各类用水。全社会都应建立节水意识,采取各种节水措施,逐步建立节水型工业、节水型农业、节水型社会。受水区域属资源型缺水,供需水量矛盾突出,实行节约用水也是根据实际情况所提出的迫切要求。

(4)进一步合理调配固原城乡饮水水源工程水量,如果按照规划配水量,部分区域有富余指标,可在受水区域范围内适当调配,使得水资源能够发挥更大的生态效益、社会效益、经济效益。

(5)调整产业结构,合理布局生产力。从配水总体情况来看,固原城乡饮水水源工程全面启动后,受水区域规划范围内,缺水最严重的是西吉县,且主要集中在农业部门,因此西吉县农业经济方面,要重点发展副食品生产和生态农业,推广抗旱优良品种,对耗水量大的农作物根据水源条件可适当压缩。

6.4 水资源配置效果评价

水资源配置效果评价是对水资源合理配置结果的进一步补充和完善,是运用系统分析理论及效用分析方法,从水资源可持续利用角度对水资源配置结果实施后在社会、经济、生态环境各方面的效果进行评价。

6.4.1 评价指标体系的构建

水资源支撑的区域可持续发展系统是指以水为主导的区域社会、经济、生态环境组成的一个复合大系统,这个系统是整个区域的一个重要分支和主要的有机组成部分。而水资源配置效果的评价思路就是按照决策思维的基本过程,即分解、判断、综合,将区域可持续发展系统分解为各个组成因素,并把这些因素按照相互支配关系形成一个有序的递阶层次结构,使得整个评价过程结构严谨、思路清晰。基于这一思想,区域可持续发展系统可划分为 4 个子系统,即水资源、生态环境、社会以及经济系统,评价指标体系整体结构设计自上而下分为目标层、准则层、指标层。

6.4.1.1 目标层

目标层是水资源可持续发展评价的一个综合指标,用以衡量水资源系统支撑区域可持续发展的综合水平与能力,可将该值设定为可持续发展系数 P,该系数值取决于准则层的发展系数、协调系数、公平系数。

6.4.1.2 准则层

准则层由协调系数(H)、发展系数(D)和公平系数(F)3 个指标组成。其中协调系数(H)反映区域水资源、社会、经济、生态环境系统的协调发展程度;发展系数(D)反映区域综合可持续发展状况;公平系数(F)反映区域发展的公平程度。

6.4.1.3 指标层

指标层重点反映水资源配置后,水资源的利用水平、社会效果、经济效果以及生态环境效果。构建一个具有科学性、全面性的综合评价指标体系,是既烦琐而又困难的工作。通常主要通过查阅资料、现场调研、理论分析 3 个步骤,在初步提出评价指标的基础上,进一步征求专家意见,参考专家意见对评价指标进行调整,最后对筛选出的指标进行定量的分析,由此得到的评价指标再反馈给专家,进行再一次的讨论筛选,如此反复讨论修改,不断完善,直到得到能最终反映评价目的、满意合理的评价指标体系。真正用于配置效果评价的指标体系不仅要求选取的指标对评价目的而言是完整、准确、可信、科学的,还要求指标体系中的元素是必要的、重要的,在不失全面性的基础上尽量减少体系中的指标数目,注重指标体系的实际可操作性。根据本受水区域的特点,通过查阅文献、专家咨询,结合研究的实际情况,选取最典型、最主要、便于确定的一些指标评价水资源配置效果。其中反映水资源系统发展的指标分别为:水资源开发利用率 L_{11}、农业用水比例 L_{12}、工业用水重复利用率 L_{13};反映社会发展的指标分别为:人均用水量 L_{21}、城镇化率 L_{22}、生活缺水率 L_{23};反映经济发展的指标分别为:人均 GDP L_{31}、万元工业产值用水量 L_{32};反映生态发展的指标分别为:植被覆盖率 L_{41}、生态环境用水量比例 L_{42}、污水处理回用率 L_{43}。水资源配置效果评价指标体系结构如图 6-4 所示。

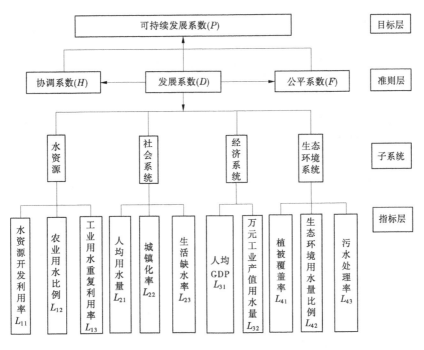

图 6-4　水资源配置效果评价指标体系结构

6.4.2　评价方法及过程

6.4.2.1　发展系数计算

1.发展指数确定

确定发展系数,要根据水资源配置以后区域各项指标的实际值确定其等级,如表 6-20 所示。参阅众多文献,目前国内外公认的、使用最为广泛的评分方法是参照 Bossel 评分标准,采用 5 级指标评分标准,如表 6-21 所示。表中 $m_1 < m_2 < m_3 < m_4$ 为正向指标分级值;$n_1 < n_2 < n_3 < n_4$ 为逆向指标分级值。

表 6-20　指标等级评价标准及取值范围

指标等级	水资源开发利用率（逆）（%）	农业用水比例（逆）（%）	工业用水重复利用率（正）（%）	人均用水量（逆）（m³/人）	城镇化率（正）（%）	生活缺水率（逆）（%）	人均 GDP（正）（元/人）	万元工业产值用水量（逆）（m³/万元）	森林覆盖率（正）（%）	生态环境用水比例（正）（%）	污水处理率（正）（%）
1	>50	>90	<30	>1 100	<20	>40	<3 000	>200	<10	<1	<50
2	30~50	73~90	30~40	1 000~1 100	20~40	30~40	3 000~6 600	90~200	10~30	1~2	50~60
3	20~30	55~73	40~70	800~1 000	40~60	20~30	6 600~25 000	30~90	30~50	2~3	60~80
4	10~20	40~55	70~90	510~800	60~80	10~20	25 000~77 400	10~30	50~60	3~5	80~90
5	<10	<40	>90	<510	>80	<10	>77 400	<10	>60	>5	>90

表 6-21　水资源配置效果评价指标评分标准

类别	范围	不可接受	危险级	良好级	优秀级	特优级
		Ⅰ级	Ⅱ级	Ⅲ级	Ⅳ级	Ⅴ级
正向指标	取值范围	$\leqslant m_1$	$m_1 \sim m_2$	$m_2 \sim m_3$	$m_3 \sim m_4$	$\geqslant m_4$
	评分值范围	1	1~2	2~3	3~4	4
逆向指标	取值范围	$\geqslant n_4$	$n_3 \sim n_4$	$n_2 \sim n_3$	$n_1 \sim n_2$	$\leqslant n_1$
	评分值范围	1	2~1	3~2	4~3	4

按照表 6-21 指标评分标准，设 s 为指标评分值，x 为指标实际值，则根据直线型指标量化法采用如下指标量化公式：

（1）Ⅰ级指标

$$s = 1, \quad （当 x \leqslant a_1，x 为正向指标）$$
$$s = 1, \quad （当 x \geqslant b_4，x 为逆向指标）$$

（6-28）

（2）Ⅱ级指标

$$s = \begin{cases} 1 + \dfrac{1}{m_2 - m_1}(x - m_1) & （x 为正向指标） \\ 1 + \dfrac{1}{n_4 - n_3}(n_4 - x) & （x 为逆向指标） \end{cases}$$

（6-29）

（3）Ⅲ级指标

$$S = \begin{cases} 2 + \dfrac{1}{m_3 - m_2}(x - m_2) & （x 为正向指标） \\ 2 + \dfrac{1}{n_3 - n_2}(n_3 - x) & （x 为逆向指标） \end{cases}$$

（6-30）

（4）Ⅳ级指标

$$S = \begin{cases} 3 + \dfrac{1}{m_4 - m_3}(x - m_3) & (x \text{ 为正向指标}) \\ 3 + \dfrac{1}{n_4 - n_3}(n_2 - x) & (x \text{ 为逆向指标}) \end{cases} \tag{6-31}$$

（5）Ⅴ级指标

$$\begin{aligned} s = 4, x \geq a_5 & \quad (x \text{ 为正向指标}) \\ s = 4, x \leq b_1 & \quad (x \text{ 为逆向指标}) \end{aligned} \tag{6-32}$$

2. 发展系数确定

根据受水区域各种情况下评价指标的实际值，首先依据表 6-20 确定出指标等级，进而根据表 6-21 的指标评分标准，结合式（6-28）~式（6-32）计算各指标的指数值，最后采用等权计算的方法分别确定水资源子系统、社会子系统、经济子系统和环境子系统的发展指数。根据以上求出的子系统发展指数，采用式（6-32）求出各子系统的发展系数。

$$D_i(t) = \begin{cases} 0.4 e_i(t) & (e_i(t) \in [0,1]) \\ 0.4 + 0.2\,(e_i(t) - 1) & (e_i(t) \in [1,2]) \\ 0.6 + 0.2\,(e_i(t) - 2) & (e_i(t) \in [2,3]) \\ 0.8 + 0.2\,(e_i(t) - 3) & (e_i(t) \in [3,4]) \end{cases} \tag{6-33}$$

式中　$D_i(t)$——子系统 i 在 t 时刻的发展系数；

　　　$e_i(t)$——子系统 i 在 t 时刻的发展指数。

区域发展系数采用的综合评价模型为：

$$D(t) = \sum_{i=1}^{4} \omega_i D_i(t) \tag{6-34}$$

式中　$D(t)$——区域在时刻 t 的发展系数；

　　　ω_i——各子系统的权重。

区域发展程度等级划分见表 6-22。

表 6-22　发展程度等级划分

发展指数	发展等级	发展系数
0~1	不可接受	0~0.4
1~2	弱发展	0.4~0.6
2~3	良好发展	0.6~0.8
3~4	优质发展	0.8~1.0

3. 指标权重确定

近年来，用层次分析法确定指标权重的方法应用越来越广泛，本书所涉及的权重均采用层次分析法确定。关于层次分析法的具体步骤本章已经在确定区域权重系数时做了详细叙述，此处不再赘述。

6.4.2.2 协调系数计算

水资源配置的最终目的是要实现整个复合系统的综合效益最大,同时也要保证社会效益、水资源效益、生态环境效益、经济效益 4 个方面协调发展,通常采用协调系数来反映,可见协调系数是表征区域各个子系统之间协调程度的指标。协调系数可表示为:

$$H(t) = \left| \frac{\prod_{i=1}^{4} D_i(t)}{\left[\sum_{i=1}^{4} D_i(t)/4 \right]^4} \right|^k \tag{6-35}$$

式中　$H(t)$——区域在时刻 t 的协调系数;

　　　$D_i(t)$——子系统 i 在 t 时刻的发展系数;

　　　k——调整系数。

协调程度等级划分如表 6-23 所示。

表 6-23　协调程度等级划分

协调等级	失调	初级协调	中级协调	良好协调	优质协调
协调系数	0~0.5	0.5~0.7	0.7~0.8	0.8~0.9	0.9~1.0

6.4.2.3 公平系数计算

公平系数包括区域内部的发展公平系数和代际公平系数、区域公平系数。

(1)区域内部的发展公平系数:反映区域内部发展的公平性。

$$I_{ij}(t) = \begin{cases} 1 & (D_{ij}(t) \geqslant \max D_{ij}(t)) \\ \dfrac{D_{ij}(t)}{\max D_{ij}(t)} & (D_{ij}(t) < \max D_{ij}(t)) \end{cases} \tag{6-36}$$

$$F_{1j}(t) = \sum_{i=1}^{4} \omega_i I_i(t) \tag{6-37}$$

(2)代际公平系数:表示区域相邻时间段发展水平之间的差异程度。

$$F_{2j}(t) = \sum_{i=1}^{4} \omega_i \left[1 - \frac{|D_{ij}(t+1) - D_{ij}(t)|}{\max_{1 \leqslant t \leqslant T-1} |D_{ij}(t+1) - D_{ij}(t)|} \right] \tag{6-38}$$

式中　$F_{1j}(t)$——第 j 分区内部的发展公平系数;

　　　$D_{ij}(t)$——第 j 分区第 i 子系统发展系数;

　　　ω_i——各子系统的权重;

　　　$F_{2j}(t)$——第 j 分区代际公平系数。

(3)区域公平系数:通常认为系统内部的发展公平和代际间的公平是同等重要的,则按照等加权的原则计算区域公平系数,即:

$$F_j(t) = F_{1j}(t) + F_{2j}(t)/2 \tag{6-39}$$

6.4.2.4 可持续发展评价

本书试图通过水资源系统的发展状况、协调程度、公平程度来反映区域水资源配置的可持续性,进而确定配置效果的合理性。可持续发展系数 P 通常依据发展系数、协调系数、公平系数的计算结果采用加权综合法计算,即:

$$P(t) = \omega_1 D(t) + \omega_2 H(t) + \omega_3 F(t) \tag{6-40}$$

式中 ω_1、ω_2、ω_3——发展、协调、公平准则相对于目标层可持续发展的权重。

可持续发展程度等级划分如表 6-24 所示,据此判断水资源配置效果。

表 6-24 可持续发展程度等级划分

协调等级	不可持续发展	弱可持续发展	准可持续发展	可持续发展
协调系数	0~0.6	0.6~0.7	0.7~0.8	0.8~1.0

6.4.3 评价结果

依据上述方法,单纯从水资源系统支撑社会可持续发展的角度来评价,受水区域水资源合理配置方案实施后的效果见表 6-25。由表 6-25 可见:2015 年受水区域各县(区)水资源处于弱可持续发展模式,其中原州区和彭阳县接近准可持续发展模式。2020 年由于固原城乡饮水水源工程的启动,受水区域各县(区)水资源均进入准可持续发展模式。同时必须加强水资源管理、提高全民节水意识,依据生态优先的水资源配置方案搞好生态环境建设,才能真正保障经济社会的可持续发展。2025 年受水区域各分区的发展模式仍然处于准可持续发展水平,其中原州区和彭阳县接近可持续发展水平。通过以上评价可知,受水区域水资源配置方案实施后可保障区域经济社会的可持续发展,维持水资源、社会经济、生态环境系统的协调发展,整个水资源复合大系统逐渐进入良性发展模式。

表 6-25 受水区域各分区水资源配置评价结果

县(区)	发展系数			协调系数			公平系数			可持续发展系数		
	2015 年	2020 年	2025 年	2015 年	2020 年	2025 年	2015 年	2020 年	2025 年	2015 年	2020 年	2025 年
原州区	0.618	0.643	0.767	0.745	0.762	0.807	0.508	0.592	0.794	0.698	0.783	0.808
西吉县	0.593	0.628	0.687	0.576	0.678	0.716	0.591	0.710	0.832	0.614	0.701	0.719
彭阳县	0.617	0.639	0.680	0.750	0.800	0.867	0.512	0.564	0.781	0.659	0.726	0.772
海原县	0.578	0.601	0.662	0.663	0.724	0.792	0.580	0.693	0.827	0.628	0.704	0.728

6.5 小 结

(1)在"基于生态优先的水资源合理配置理论研究"的指导下,借鉴和参考国内外水资源配置模型,根据受水区域的水资源状况和现状水利工程布局建立了包括生态环境在内的各行业用水产生经济效益最大的经济目标、缺水量最小的社会目标、生态环境需水量在最小值和适宜值之间实现最大的生态环境目标,并根据水源的供水能力以及行业需水要求设置了各类约束条件的水资源配置模型。

(2)通过层次分析法确定了水源供水次序系数、用户用水优先次序系数、子区权重系数,并根据实地调查确定了行业用水的效益系数和费用系数。在各类系数确定的过程中通过赋予生态环境需水较高的效益系数、优先的用水次序,赋予生态环境目标较大的权重,进而通过生态环境需水在最大值与最小值之间的约束条件实现生态优先的水资源配置模式。最后将目标量纲均一化处理后,采用目标逼近法结合 MATLAB 软件对模型求解。

(3)受水区域生态优先的水资源配置结果。

①2015 年 50%来水频率,从子区的配置情况来看,受水区域规划范围内原州区由于受益于扬黄水,各部门均不缺水,且扬黄水还有一定的富余指标;该水平年缺水最严重的是西吉县,各部门均严重缺水,缺水率由小到大依次为生活、生态、工业、农业,生态需水量甚至不能满足最小值的需求,应该引起高度重视;其次是海原县和彭阳县,海原县生活需水量、生态环境需水量优先得到满足,工业部门轻微缺水,缺水主要集中于农业部门;彭阳县其他各部门均不缺水,农业需水量缺口相对较大。从用水部门的总体配置情况来分析,生活需水量和生态环境需水量优先得到满足(除西吉县外),工业需水量基本保证,缺水主要集中在农业部门。

75%来水频率,原州区的各用水部门依然不缺水,只是扬黄水没有富余指标;西吉县各部门均缺水,缺水程度更为严重,西吉县缺水严重的原因之一是该地区苦咸水的比率非常高,解决该区缺水的重要途径是增加苦咸水的利用量,另外,西吉县径流消耗性生态环境需水量所占比例较高,应严格控制人工湿地(水库、塘坝、湖泊、沼泽)面积以及一年生人工草地面积。海原县和彭阳县缺水规律同 50%来水条件,其中海原县工业、农业缺水更加严重,彭阳县缺水依然集中在农业部门,但缺水更加严重。

②2020 年随着固原城乡饮水安全水源工程的启动、各地区地表供水工程的改善,供水能力将会有所增加。从子区的配置情况来看,50%来水频率,受水区域规划范围内原州区、彭阳县及海原县各行业均不缺水。其中原州区扬黄水有少量富余指标,彭阳县按照固原城乡饮水水源工程规划分配的供水指标还有一定量的余水,本书建议彭阳县生活用水全部由固原城乡饮水替代,调整其他水源多余的水全部配给彭阳县的生态环境,以大力改善区域生态环境;或者将固原城乡饮水水源工程富余指标调配给缺水严重的西吉县。缺水量最大的地区仍然是西吉县,但缺水程度较 2015 年有明显的下降,且缺水部门主要集中在农业部门,其他部门均不缺水。

75%来水频率,原州区扬黄水指标全部用完,生活、生态环境不缺水,工业部门轻微缺水,农业部门也有轻度缺水现象,原州区工业缺水的主要原因是固原盐化工二期工程的启动导致工业需水量的剧增,因此很有必要对盐化工的高耗水产业稍加控制,以满足工业用水,提高工业供水保证率;西吉县仍然只有农业部门缺水,缺水程度更为严重;彭阳县农业少量缺水,但固原城乡饮水水源工程规划配水指标却仍然有富余,可考虑合理调配水源,保证区域不缺水。海原县受水区域供水来源主要是处理的地表苦咸水、地下水及固原城乡引水,因此其供水量不受来水条件影响,配水方案与 50%来水频率相同,各行业均不缺水。

③2025 年随着各地区地表供水工程的改善、中水利用率的提高,供水能力仍然会有一定程度的增加,但行业需水量也会略有增加。50%来水频率,从子区的配置情况来看,

受水区域范围内原州区、彭阳县及海原县各行业依然不缺水,其中原州区扬黄水有少量富余指标,彭阳县按照固原城乡饮水水源工程规划分配的供水指标还有一定量的余水,本书建议彭阳县生活用水全部由固原城乡饮水替代,调整其他水源多余的水,全部配给彭阳县的生态环境,以大力改善区域生态环境;或者将固原城乡饮水水源工程富余指标配给缺水严重的西吉县。缺水量最大的依然是西吉县,缺水程度较 2020 年稍有下降,且缺水部门主要集中在农业部门,其他部门均不缺水。

75%来水频率,原州区扬黄水指标全部用完,工业、农业部门会有不同程度的缺水现象,缺水主要集中在农业部门,工业用水只要严格控制盐化工二期工程的需水量,其供水也能够得到保障;西吉县农业部门缺水程度更为严重;彭阳县农业少量缺水,但固原城乡饮水水源工程规划配水指标却仍然有富余,可考虑合理调配水源,满足区域全部需水量要求。海原县受水区域供水来源主要是处理的地表苦咸水、地下水及固原城乡引水,因此其供水量不受来水频率影响,配水方案与50%来水频率相同,各行业均不缺水。

(4)水资源配置效果评价是对水资源合理配置方案的进一步补充和完善,本书建立了水资源配置方案评价指标体系的递阶层次结构,通过水资源系统的发展系数、协调系数、公平系数 3 个指标的确定,综合反映区域水资源配置支撑社会可持续发展的效果。通过评价表明,2015 年受水区域各县(区)水资源处于弱可持续发展水平,其中原州区和彭阳县处于准可持续发展水平;2020 年由于固原城乡饮水水源工程的启动,受水区域各县(区)水资源均进入准可持续发展水平。2025 年各分区的发展模式达到准可持续发展水平,其中原州区和彭阳县接近可持续发展水平。

(5)根据评价结果可知,水资源配置方案实施后可支撑未来受水区域经济社会的可持续发展,水资源与经济社会发展和生态环境保护能较好地协调,并逐渐进入良性发展的模式。

结　语

　　本书的研究是适应时代发展需求,把握国内研究热点和前沿,瞄准宁夏回族自治区亟待解决的重大科学问题,具有一定的创新理念和实践意义。本书内容以地处西北干旱区域的宁夏中南部干旱区域(黄土丘陵沟壑区)为研究对象,采用理论研究与实际应用相结合的方法,首先开展基于生态优先的宁夏中南部干旱区域水资源合理配置理论,并根据经济目标、生态目标、社会目标,建立多目标水资源合理配置模型,实现生态优先的水资源合理配置模式;最后,结合理论研究成果,选取黄土丘陵沟壑区典型区域(主要是宁夏固原城乡饮水安全水源工程受水区域)作为宁夏中南部干旱区域的代表区域,进行了生态优先的水资源合理配置、坝系水资源联合调度的实例应用研究,进一步补充和完善了理论研究成果,形成了理论研究和实际应用相结合的完整体系。本书的主要研究内容及成果如下:

　　(1)对区域可持续发展的水资源合理配置的概念和内涵进行了辨析,认为一个完整的水资源合理配置涵义及过程应该包括几个内容:①水资源配置要有明确的限定范围:须在一定的流域或区域内;②多种水源参与配置:当地地表水、当地地下水、外调水、回用水等;③水资源配置须遵守一定的分配原则,而具体的配置原则需根据区域特点以及配置目的来确定;④水资源配置的措施包括工程措施和非工程措施,以改变水资源的天然时空分布,实现水资源的高效利用;⑤实行水资源配置的区域内,有多个用水部门:生活、农业、工业、生态;⑥水资源配置系统的功能是综合的、多目标的:经济目标、社会目标、生态目标都要兼顾;⑦水资源合理配置系统的状态应是动态变化的,要考虑社会发展、技术水平进步、社会可持续发展要求等;⑧生态环境用水应与国民经济生产用水一样,是需水量结构中的重要组成部分,并且在干旱缺水地区,生态环境需水量还需优先考虑。

　　(2)在可持续发展的水资源配置模式指导下,根据宁夏中南部干旱区域特点构建了生态优先的水资源合理配置理论框架,即在水资源配置过程中将居民生活用水放在首要位置,与社会经济需水量相比,生态环境需水量给予优先保证,提供合理的工业需水量,农业需水量遵循"以供定需"的原则。既要考虑生态环境与社会经济需水量之间的关系,又要考虑生态系统对水资源配置的效应反馈,使可持续发展的水资源合理配置能够落到实处。进一步研究了基于生态优先的水资源合理配置数学模型,将生活用水效益和生态环境用水效益纳入到总效益中去,并赋予较高的效益系数和优先用水的次序系数,真正实现了生态优先的水资源合理配置模式。

　　(3)利用基于生态优先的水资源合理配置理论研究成果,结合宁夏固原城乡饮水安全水源工程受水区域多水源调配的水资源利用特点,建立了包括生态环境在内的各行业用水产生经济效益最大的经济目标、缺水量最小的社会目标、生态环境需水量在最小值和适宜值之间实现最大的生态目标,并根据水源的供水能力以及行业需水量要求设置了各类约束条件的水资源配置模型;通过层次分析法确定了水源供水次序系数、用户用水优先次序系数、子区权重系数,并根据调查资料确定了行业用水的效益系数和费用系数,在各类系数确定的过程中通过赋予生态环境较高的效益系数、优先的用水次序,赋予生态环境较大的权重,并通过生态环境需水量在最大值与最小值之间的约束条件下实现生态优先的水资源配置模式。

　　本书为量化评估宁夏中南部干旱区域(黄土丘陵沟壑区)水资源配置模式提供了可靠保证,为管理决策提供了科学依据,从理论和方法上开辟了水资源配置和评价的新思路。水资源配置是一个复杂的大系统,本书在这方面做了一定的探索,从概念界定、计算方法、指标体系、实例分析方面做了较深入的研究分析,但由于该领域涉及多学科的相互协作,这在国内外目前还没有一套成熟的理论和方法体系,因此本书研究结果仍然存在一些问题,如概念的严密性、计算方法的准确性、预测思路的可行性等,这也是今后需要进一步探讨的关键。

　　本书是课题组集体智慧的结晶,在专著研究和撰写过程中,宁夏大学张维江教授给予了悉心的指导和热情的鼓励;宁夏大学田军仓教授在专著的撰写过程中提出了非常宝贵的意见和建议。总之,本课题组在张维江教授的领导下、田军仓教授的帮助下,凭着对科学研究的执着与追求,以及对宁夏中南部干旱区域生态环境危机和水资源严重匮乏局面的忧虑和责任心,克服了重重困难,完成了项目研究以及本书的撰写工作,在此对他们的辛勤付出表示衷心的感谢。

参 考 文 献

[1] 李佩成.试论干旱[J].干旱地区农业研究,1984(2):49-56.

[2] 赵惠君,张建国.关于"山西是干旱地区"提法科学性的探讨——兼谈干旱定义与干湿地区划分[J].山西水利科技,1994(3):38-44.

[3] 中央气象局.中国气候图集[M].北京:地图出版社,1966.

[4] 中国科学院《中国自然地理》编委会.中国自然地理气候[M].北京:科学出版社,1984.

[5] 邱汉学,王秉忱.干旱区水资源开发利用与可持续发展[J].海洋地质与第四纪地质,1998,18(4):97-108.

[6] 王根绪,程国栋,徐中民.中国西北干旱区水资源利用及其生态环境问题[J].自然资源学报,1999,14(2):109-116.

[7] 刘树华,刘新民.沙尘暴天气成因的初步分析[J].北京大学学报(自然科学版),1994,30(5):589-596.

[8] Wei S,Islam S,Lei A. Modeling and simulation of industrial water demand of Beijing municipality in China[J]. Frontiers of Environmental Science & Engineering in China, 2010, 4(1):91-101.

[9] 姚建文,徐子恺.21世纪中叶中国需水量展望[J].水科学进展,1999(2):190-194.

[10] 陈家琦,王浩.水资源学概论[M].北京:中国水利水电出版社,1996.

[11] 王国新.水资源管理知识丛书——水资源学基础知识[M].北京:中国水利水电出版社,2003.

[12] 世界环境与发展委员会.我们共同的未来[M].王之佳等译.长春:吉林人民出版社,1997.

[13] 鲁学仁.华北暨胶东地区水资源研究[M].北京:中国科学技术出版社,1993.

[14] 雷志栋,杨诗秀,胡和平,等.对塔里木河流域绿洲四水转化关系的认识[M].北京:中国环境科学出版社,1998.

[15] 马滇珍,张象明,王浩,等.全国供需水预测[J].水利规划与设计,1998(S1):26-31.

[16] 王浩,游进军.水资源合理配置研究历程与进展[J].水利学报,2008(10):1168-1175.

[17] 袁宝招,陆桂华,李原园,等.水资源需求驱动因素分析[J].水科学进展,2007(3):404-409.

[18] 刘昌明.今日水世界[M].广州:暨南大学出版社;北京:清华大学出版社,2000.

[19] 雷志栋,杨诗秀,王忠静,等.内陆干旱平原区水资源利用与土地荒漠化[J].水利水电技术,2003,34(1):36-40.

[20] 杜文堂.对地下水与地表水联合调度若干问题的探讨[J].工程勘察,2000,10(2):8-11.

[21] Marks D H,Georgakakos A P. A new method for the realtime operation of reservoir systems[J]. Water Resources Research,1987,23(7):1376-1390.

[22] Cohon J. Multiobjective programming and planning[M]. Dover:Dover Publications,2004.

[23] Haimes Y Y,Hall W A. Multiobjectives in water resources systems analysis:the surrogate worth trade off method[J]. Water Resources Research,1974,10(10):615-624.

[24] Cordova J R,Bras R J.灌溉系统的随机控制[M].谢守国,赵宝璋等译.北京:农业出版社,1985.

[25] 伯拉斯 N.水资源的科学分配[M].戴国瑞,冯尚友等译.北京:水利电力出版社,1983.

[26] Afzal Javaid,Noble David H,Weatherhead E K. Optimization model for alternative use of different quality irrigation waters[J]. Journal of Irrigation and Drainage Engineering,1992,118(2):218-228.

[27] Jorge, Bielsa, Rosa, et al. An economic model for water allocation in north eastern spain[J]. Water Resources Development,2001,17(3):397-410.

[28] Chakravorty, Ujjayant, Umetsu, et al. Basinwide water management: a spatial model[J]. Journal of Envimonmental Economies and Management,2003,45(1):1-23.

[29] 华士乾.水资源系统分析指南[M].北京:水利电力出版社,1988.

[30] 贺北方.区域水资源优化分配的大系统优化模型[J].武汉水利电力学院学报,1988(5),198-201.

[31] 翁文斌,邱培佳.地面水、地下水联合调度动态模拟分析方法及应用[J].水利学报,1988(2):1-11.

[32] 吴泽宁,蒋水心,贺北方,等.经济区水资源优化分配的大系统多目标分解协调模型[J].水能技术经济,1989(1):1-6.

[33] 程吉林,孙学华.模拟技术、正交设计、层次分析与灌区优化规划[J].水利学报,1990(9):36-40.

[34] 翁文斌,惠士博.区域水资源规划的供水可靠性分析[J].水利学报,1992(11):1-10.

[35] 中国水利水电科学研究院水资源研究所.水资源大系统优化规划与优化调度经验汇编[M].北京:中国科学技术出版社,1995.

[36] 许新宜,王浩,甘泓,等.华北地区宏观经济水资源规划理论与方法——黄河治理与水资源开发利用系列[M].郑州:黄河水利出版社,1997.

[37] 常丙炎,薛松贵,张会言,等.黄河流域水资源合理分配和优化调度[M].郑州:黄河水利出版社,1998.

[38] 谢新民,张海庆.水资源评价及可持续利用规划理论与实践[M].郑州:黄河水利出版社,2003.

[39] 吴险峰,王丽萍.枣庄城市复杂多水源供水优化配置模型[J].武汉大学学报(工学版),2000,33(1),30-32.

[40] 贺北方,周丽,马细霞,等.基于遗传算法的区域水资源优化配置模型[J].水电能源科学,2002,20(3):10-13.

[41] 冯耀龙,韩文秀,王宏江,等.面向可持续发展的区域水资源优化配置研究[J].系统工程理论与实践,2003(2):133-138.

[42] 刘建林,马斌,解建仓,等.跨流域多水源多目标多工程联合调水仿真模型——南水北调东线工程[J].水土保持学报,2003,17(1):75-79.

[43] 陈南祥.复杂系统水资源合理配置理论与实践——以南水北调中线工程河南受水区为例[D].西安:西安理工大学,2006.

[44] 姜宝良.地表水与地下水联合优化管理调度研究:以河南省许昌市为例[M].北京:中国大地出版社,2006.

[45] 杨小柳,刘戈力,甘泓.新疆经济发展与水资源合理配置及承载能力研究[M].郑州:黄河水利出版社,2003.

[46] 李小琴.黑河流域水资源优化配置研究[D].西安:西安理工大学,2005.

[47] 张力春.吉林省西部水资源可持续利用的优化配置研究[D].长春:吉林大学,2006.

[48] 孙弘颜.长春市水资源系统的优化配置及策略研究[D].长春:吉林大学,2007.

[49] 董洁,李淑琴,毛卫兵.区域水资源承载能力与优化配置模型研究[J].中国农村水利水电,2007(11):77-80.

[50] 刘成良,任传栋,高佳.多目标规划在邯郸水资源优化配置中的应用[J].水资源研究,2008,29(3):14-17.

[51] 李忠梅,张军.山东省水资源合理配置方案研究[J].人民黄河,2009,21(8):46-47.

[52] 张廉祥,蔡焕杰,张同泽,等.基于网络模拟模型的石羊河流域武威属区水资源合理配置研究[J].干旱地区农业研究,2010,28(3):37-42.

[53] 王铁良,袁鑫,芦晓峰,等.基于多目标规划理论的辽宁双台河口湿地水资源合理配置研究[J].沈阳农业大学学报,2011,42(5):588-591.

[54] 宋洋.基于水资源开发效益的饮马河流域水资源优化配置研究[D].长春:吉林大学,2008.

[55] 孔萌.基于可持续发展的咸阳市水资源优化配置研究[D].杨凌:西北农林科技大学,2008.

[56] 王先甲.水资源持续利用的多目标分析方法[J].系统工程理论与实践,2001,21(3):128-135.

[57] 姚荣.基于可持续发展的区域水资源合理配置研究[D].南京:河海大学,2005.

[58] 李令跃,甘泓.试论水资源合理配置和承载能力概念与可持续发展之间的关系[J].水科学进展,2000,11(3):307-313.

[59] 甘泓.水资源合理配置理论与实践研究[D].北京:中国水利水电科学研究院,2000.

[60] 水利部水利水电规划设计总院.全国水资源综合规划技术大纲[Z].北京:水利部水利水电规划设计总院,2002.

[61] 王浩,秦大庸,王建华,等.黄淮海流域水资源合理配置[M].北京:科技出版社,2003.

[62] 赵斌,董增川,徐德龙.区域水资源合理配置分质供水及模型[J].人民长江,2004,35(2):21-22,31.

[63] 方红远.区域水资源合理配置中的水量调控理论[M].郑州:黄河水利出版社,2004.

[64] 徐金鹏.南阳市水资源优化配置[D].武汉:武汉大学,2004.

[65] 郭元裕,白宪台,雷声隆,等.湖北四湖地区除涝排水系统规划的大系统优化模型和求解方法[J].水利学报,1984(11):1-14.

[66] 沈佩君,王博,等.混合模型在滨海水网地区水资源优化调度中的应用[J].水利学报,1989(6):1-9.

[67] 夏婷婷.城市水资源优化配置及郑州市案例研究[D].上海:同济大学,2008.

[68] 麦永浩.数据仓库和数据挖掘方法研究及其在公安信息建设中的应用[D].上海:华东理工大学,2000.

[69] 卢冰.桂林市水资源优化配置研究[D].武汉:武汉大学,2005.

[70] 袁汝华,朱九龙,陶晓燕,等.影子价格法在水资源价值理论测算中的应用[J].自然资源学报,2002,17(6):757-761.

[71] Harou J J, Pulido Velazquez M, Rosenberg D E, et al. Hydroeconomic models：Concepts, design, applications, and future prospects[J]. Journal of Hydrology,2009,375(3-4)：627-643.

[72] 舒卫民,马光文,黄炜斌,等.基于人工神经网络的梯级水电站群调度规则研究[J].水力发电学报,2011(2):11-14.

[73] 杨雪菲,粟晓玲,马黎华.基于人工神经网络模型的关中地区用水量的预测[J].节水灌溉,2009,20(8):4-6.

[74] 霍惠玉,张鹰,金鑫,等.BP神经网络在需水预测中的应用[J].安徽农业科学,2006,16(21):5637-5638.

[75] 凌和良,桂发亮,楼明珠.BP神经网络算法在需水预测与评价中的应用[J].数学的实践与认识,2007,37(22):42-47.

[76] 巩琳琳.基于遗传模拟退火算法的神经网络模型在陕西省需水预测中的应用[J].地下水,2006,12(5):10-13.

[77] 钟伟,董增川,李琪.混合算法优化投影寻踪模型的需水量预测研究[J].水电能源科学,2010,24(7):37-39.

[78] 陈南祥,徐建新,黄强.水资源系统动力学特征及合理配置的理论与实践[M].郑州:黄河水利出版社,2007.

［79］邵磊,周孝德,杨方廷,等.基于 RAGA 的 GM(1,1)－RBF 组合需水预测模型［J］.长江科学院院报,2010,27(5):29-33.

［80］朱士江,孙爱华,张忠学.三江平原不同灌溉模式水稻需水规律及水分利用效率试验研究［J］.节水灌溉,2009,19(11):12-14.

［81］鲁欣,秦大庸,胡晓寒.国内外工业用水状况比较分析［J］.水利水电技术,2009,40(1):102-105.

［82］黄林显,曹永强,赵娜,等.基于系统动力学的山东省水资源可持续发展模拟［J］.水力发电,2008,29(6):1-4.

［83］张伟东.面向可持续发展的区域水资源优化配置理论及应用研究［D］.武汉:武汉大学,2004.

［84］符纯.工业供水效益分摊系数的计算方法问题［J］.水利经济,1989(3):42-46.

［85］谷换玲.邯郸市南水北调供水区水资源优化配置［D］.石家庄:河北工程大学,2008.

［86］雷霄.杨凌示范区水资源优化配置研究［D］.杨凌:西北农林科技大学,2009.

［87］宋全香.城市水资源承载能力及优化配置研究［D］.郑州:郑州大学,2005.

［88］卞戈亚,董增川,蔡继.河北省水资源优化配置及效果评价研究［J］.水电能源科学,2008,26(6):25-28.

［89］宋松柏,蔡焕杰.区域水资源可持续利用的 Bossel 指标体系及评价方法［J］.水利学报,2004(6):68-74.

［90］沈镭,成升魁.青藏高原区域可持续发展体系研究初探［J］.资源科学,2000,22(4):30-37.